버섯 지식 사전

편저 장홍식

먹는 버섯과
못먹는 독버섯 소개
110종
수록!

법문 북스

이책을
읽기 전에

❀ 게재한 버섯에 대하여

    ① 먹을 수있는 버섯78종

    ② 식용으로 적합하지 않은 버섯12종

    ③ 독버섯 20종(사진게재는 18종)

  버섯을 채집할 때 자주 발견 할 수 있는 버섯을 이상과 같이 크게 세 가치로 나누어 게재하였다.

  ① 에 대하여는 발생장소별로 8그룹으로 나누어서 사진게재 및 해설을 했다. 단 버섯이 발생하는 장소는 한 숲에만 한정하지 않고, 여기서는 비교적 많이 발견되는 숲으로 하는 분류 방법을 취하고 있다. 해설에 있어서는 체험에 의거한 찾는 장소의 포인트, 맛. 요리법 (● 표시부분)에 대하여도 가능한 한 첨가시켰다. 또 "맛있는" 정도의 기준으로서

●●● 맛있다.

●●○ 그럭저럭 맛있다.

○○○ 맛있지 않다. 혹은 먹을 때 주의가 필요.

와 같이 마크로 알기 쉽게 했다.

② 는 먹을 수는 없지만 버섯을 채집하면서 자주 볼 수 있는 것 · 먹을 수 있는 버섯과 비슷한 것 · 먹는 것 이외에 이용 할 수 있는 것을 주로 게재, 해설했다.

③ 에 대해서도 버섯채집시에 자주 발견되는 것 · 맹독성인 것을 중심으로 선별하여 해설했다. 단 여기에 게재한 독버섯 이외에도 독버섯은 아직도 있으며 독버섯이가 아닌가 분명하지 않은 것도 아직 수 없이 많다. 주의해야 할 것은 "독버섯만 기억하고 있으면 괜찮다" 라고 하는 사고방식이다. 물론 독버섯을 알고 있는 것은 중요하지만 그것만 안다고 절대 안전하지 않다는 것을 알아 둘 필요가 있다.

✽ 사진에 대하여

버섯도 생물인 이상, 발생하는 장소의 환경에 따라 상당한 개체차 (색, 크기 등)가있다 .

가능한 한 특징을 쉽게 알아볼 수 있는 사진을 선정하여 게재했다.

✽ 해설문 중의 삽화에 대하여

문장으로 버섯에 대한 해설을 행함과 동시에, 이 책에서는 가능한 한 삽화를 덧붙여 버섯의 특징을 더욱 알기 쉽게 배려했다.

목 차

|PART 3| 독버섯

|PART 4| 버섯채집을 보다 즐겁게 하기 위하여

| PART 5 | 버섯여담

part 1

Mushroom

버섯세계로의

유혹

이상한 생물 버섯 – 그 생활과 역할

버섯세계의 매력

사람들에게 자주 〈버섯의 매력은 무엇입니까?〉라는 질문을 받는다. 그때마다 적당히 대답을 하고는 있지만, 정말 무엇이 버섯의 매력일까? 나 자신의 질문에 대답이 곤란하다.

몇 번인가 송이버섯 채집에 간 적이 있었지만 그렇게 열중한 정도는 아니었다.

태어나서 처음으로 송이버섯 이외의 천연버섯을 먹었다. 내가 살던 곳의 할머니에게 이끌려 산에 가서, 낙엽송 숲에서 발견한 것이 큰비단그물버섯이다. 끈적끈적하고 냄새가 있는 이것이 처음에는 그다지 맛있다고 생각하지 않았지만 몇 번 인가 먹는 사이에 상당히 맛이 있다고 생각하게 되었다. 그 때도 산나물 채집과 같은 재미는 있었지만 푹 빠질 정도는 아니었다.

몇 종류인가 먹을 수 있는 버섯 이외에는 이름을 알고 있는 사람도 적고 애써 채집한 버섯 도 〈이것은 안돼〉라는 말을 들을 뿐이었다.

❈ "먹는 것" 이외에도 재미가 있다.

언젠가 서점에서 아무 생각 없이 버섯에 대한 책을 샀다.

책을 읽는 동안 몇 천종이나 되는 버섯이 있다는 것, 이름 없는 버섯도 많다 는 것, 지구상의 자연에 대하여 커다란 역할을 하고 있는 균류에 대한 것 등, 버섯에도 먹는것 이외에도 재미가 있다는 것을 알았고 식용대상만이 아닌 버섯에 조금씩 마음이 끌리기 시작했다. 그 때까지는 발로 툭툭 차곤 하던 버섯에 대하여 이름을 조사한다거나 하게 되어 점점 깊이 빠져들게 되었다.

바로 그 무렵, 오랜 꿈이었던 산장이나 간이숙박소의 경영이 민박경영이라는 스타일로 실현가능하게 되었고, 현재 살고 있는 봉우리의 높은 곳으로 옮겨 살게 되었던 것이다.

산언덕에 옮겨 살고 곧 버섯의 세계가 한결 더 재미있게 되었다. 산을 좋아하는 사람과 매일 변하는 버섯을 찾아 산에 돌아다니기를 즐겼다. 어느 해 여름, 가족과 함께 숙박했던 손님에게 자신만만하게 버섯에 대한 이야기를 했다. 여러 사람들과의 만남으로 버섯의 세계가 넓어지고 즐거워서 견딜 수 없는 나날이 계속되었다.

그런 반면 즐거운 일인지 손님이 조금씩 늘어나서 산을 돌아다닐 기회가 없어졌다. 손님의 밥상에 올릴 버섯을 찾지 않으면 안 되서 안절부절 못하는 것도 사실이다.

〈저 산에 가면 이런 버섯이 있지는 않을까〉〈이쪽 산은 어떨까〉라고 매일 밤 생각하며 버섯꿈을 꾸는 적도 여러번 이다.

버섯이 지상에 얼굴을 내밀 때까지

✿ 버섯의 본체는 균사

버섯은 통상 사람에게 보이지 않는 흙 속이나 낙엽, 쓰러진 나무 안에서 생활하고 있다.

낙엽을 살짝 들추어 보면 하얀 실크모양의 균사(菌絲)가 있다. 적당한 시기가 오고 환경조건이 갖추어지면, 이 본체에서 버섯이 자라기 시작하는 것이다. 자라기 시작할 무렵에는 주름이 아직 보이지 않는 상태이며 이것을 유균(幼菌)이라한다. 버섯의 봉오리 같은 것이다.

⊞ 주름색의 차이는 포자색의 차이

유균이 생장하여 갓이 벌어지면 주름에 색이 나타나기 시작한다. 이것은 주름에 있는 눈에 보이지 않는 포자가 성숙하기 때문이다. 버섯에 따라 이 포자의 색이 다르기 때문에 주름에는 여러 가지 색이 있는 것이다.

이렇게 성균(成菌)이 되어 포자가 성숙하면 드디어 포자가 주름에서 떨어져 천천히 바람에 날려가는 것이다. 표고를 겹쳐 두면 아래에 있는 표고의 갓의 표면이 하얗게 되는데, 이것은 표고의 포자(표고의 포자는 흰색)가 붙은 것이며 곰팡이가 생긴 것은 아니다.

버섯에 따라 차이는 있지만 일반적으로 이 포자는 수억개라고 한다. 수억개의 포자는 바람에 날려 각각 여러 지점에 떨어진다. 그러나 떨어진 장소가 반듯이 버섯의 포자에게 알맞은 곳이라고는 할 수 없다. 오히려 포자가 발아 할 수 있는 것은 지극히 소수이다. 무사히 발아한 포자에서는 균사가 자라고 또한 버섯의 본체를 만들어 간다.

⊞ 버섯은 식물에서 말하는 꽃이나 열매

식물의 예를 들면 균사의 덩어리가 나무의 본체이며, 버섯의 꽃이나 열매에 해당하며, 포자는 종자라고 말할 수 있을 것이다.

버섯의 역할

버섯에는 크게 나누어 식물의 뿌리와 공동생활을 하는 균근균(菌根菌)과 나무나 낙엽을 분해하는 부생균(腐生菌)이 있다. 전자에는 송이버섯이나 혼시메지를 비롯해서 큰비단그물버섯, 광대버섯 부류 등이 있다. 일반적으로 재배가 어려운 버섯이다. 후자에는 나도팽나무버섯, 산느타리, 팽나무버섯, 느티만가닥버섯, 표고버섯, 잎새버섯 등이 있다. 이 두가지의 버섯류가 지구상에서 맡고 있는 역할은 대단히 중요한 것이다.

❀ 버섯(균류)은 자연계의 청소부
일반적으로 식물은 무기질에서 유기질을 만들어 내는 생산자라고 불리며, 유기질을 무기질로 분해하는 버섯류를 비롯한 균류를 분해자라고 부른다. 또 식물을 먹어서 유기질을 분해하기 쉽게 하는 동물을 소비자라 부른다.

초식 동물이 식물을 먹고 또 육식동물이 초식동물을 먹고 자란다. 거기에는 당연히 배설물이나 유체가 나오게 되는 것이다. 이것을 분해하는 것이 균류의 임무이다.

또 태풍에 쓰러진 나무나 낙엽을 분해 하는 것도 균류이다. 인간이 농작물을 기르기 위하여 필요한 유기비료를 만드는 것도 균류의 일이다. 이렇게 하여 모든 유기물은 균류에 의하여 무기물로 분해된다. 분해되어서 무기물로 된 것을 다시 식물이 영양원으로 섭취하여 자라는 유기물을 만든다. 그것을 또 동물이 먹는다. 이 사이클을 자연계의 물질순환이라 한다.

자연계는 이와 같은 환경이 있고 나서야 비로소 성립되는 것이다.

 생산자, 소비자, 분해자 중에 어느 하나라도 없어진다면 지구상의 생
태계는 깨어지고 만다.

 숲에서는 이런한 것이 반복되면서 나무는 크게 자라고 밭에서는 농
작물이 자라는 것이다.

 지구상에 커다란 변화가 없는 한, 이 생태계는 지속될 것이지만, 만
약 이것이 깨지는 때가 온다면 그것은 인간이라는 동물의 탓일지도
모른다.

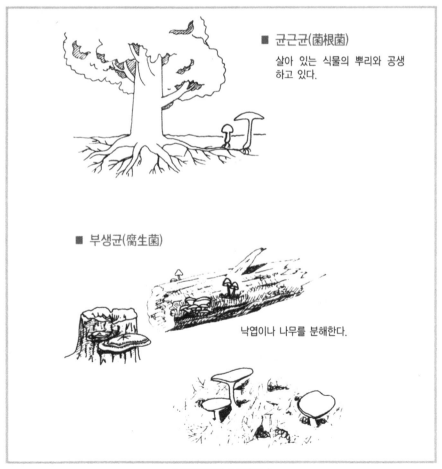

■ 균근균(菌根菌)
　살아 있는 식물의 뿌리와 공생
　하고 있다.

■ 부생균(腐生菌)

낙엽이나 나무를 분해한다.

〈 균근균과 부생균 〉

< 버섯의 각부 명칭과 용어해설 >

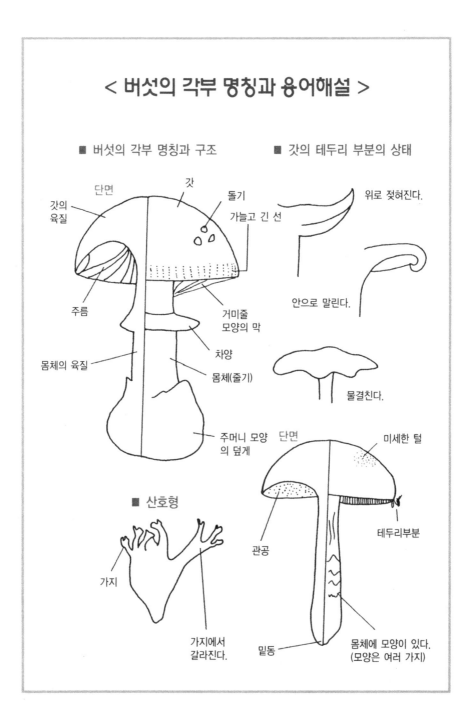

■ 버섯의 각부 명칭과 구조

단면
갓
갓의 육질
돌기
가늘고 긴 선
주름
거미줄 모양의 막
차양
몸체의 육질
몸체(줄기)
주머니 모양의 덮게

■ 갓의 테두리 부분의 상태

위로 젖혀진다.
안으로 말린다.
물결친다.

단면
미세한 털
테두리부분
관공
몸체에 모양이 있다. (모양은 여러 가지)
밑동

■ 산호형

가지
가지에서 갈라진다.

■ 버섯의 모양

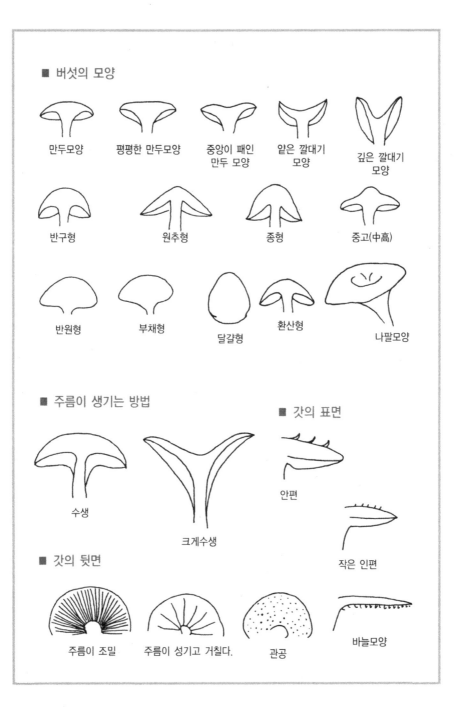

만두모양　　평평한 만두모양　　중앙이 패인
　　　　　　　　　　　　　　　　만두 모양
얕은 깔대기
모양
깊은 깔대기
모양

반구형　　원추형　　종형　　중고(中高)

반원형　　부채형　　달걀형　　환산형　　나팔모양

■ 주름이 생기는 방법　　　　　■ 갓의 표면

수생　　크게수생

안편

작은 인편

바늘모양

■ 갓의 뒷면

주름이 조밀　　주름이 성기고 거칠다.　　관공

■ 버섯이 자라는 방식

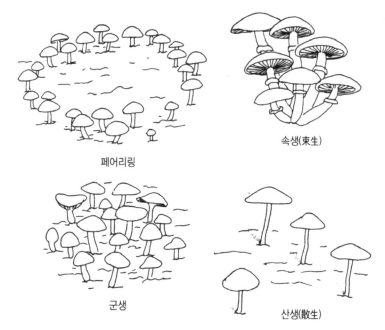

페어리링

속생(束生)

군생

산생(散生)

- 페어리링(균륜-菌輪)
  버섯이 고리처럼 둥글게 발생하는 상태를 말한다.
  이 원 안에서 괴물이 씨름을 한다고 하며, 외국에서 요정이 춤춘다고
  한다.

- 균사(菌絲)
  버섯의 본체를 이루고 있는 것이며 가느다란 세포가 일렬로 늘어선 상
  태로 되어 있는 것을 말한다.

- 균근균(菌根菌)
  버섯의 균사가 건강한 식물의 뿌리와 공생하고 있는 부류를 말한다.

part 2

Mushroom

먹을 수 있는 버섯

식용으로는
적 합 하 지
않 은 버 섯

먹을 수 있는 버섯

소나무 숲에서 채집할 수 있는 식용버섯

최근에는 송충이의 피해가 심각하여 빨갛게 죽은 소나무 숲이 여기저기에서는 눈에 띈다. 산의 소나무 숲 뿐만 아니라 해안이나 호수근처의 소나무 숲에서도 여러 종류의 버섯이 발생한다. 눈여겨 보면 고원이나 정원, 골프장 등에 옮겨 심은 소나무의 주변 등에도 여러 가지 버섯이 자라고 있음을 알 수 있다.

송이과
송이버섯
Tricholma matsutake

〈식용버섯〉 ●●● 아주 맛있다.

가을에 소나무 숲이나 솔송나무의 숲 속의 지상에 발생하는 유명한 버섯이다. 여름에도 발생하는 일이있다. "토용 송이버섯"이라던가 "여름 송이버섯" 등으로 불린다.

갓은 직경 5~20cm. 반구형에서 펴면 평평해진다. 색은 담다갈색이며, 다갈색의 섬유상태의 거스러미가 있다. 몸체는 10~17cm이며 백색인데, 거스러미모양의 비늘조각(인편)이있다.

알기쉬운 버섯백과 **25**

보통 천연의 숲에서 자라고 있을 때에는 슈퍼에서 보는 것보다 희며, 채집하고 나서 몇 시간 안에 색이 조금씩 짙어진다.

새삼스럽게 설명할 필요조차 없을 만큼 잘 알려져 있는 버섯의 왕이다. 최근에는 산에서 기를 수 없게 되어 발생양은 훨씬 감소했지만 세계 각지에서 계속 수입되어 슈퍼에 있다.

아침에 어두울 때부터 산에 들어가서 흙에서 얼굴을 내밀기 전에 채집해 버리므로 초보자로서는 여간해서 채집하기 어렵지만, 흙에서 나와 버리면 그다지 발견하기 어려운 버섯도 아니다. 조금만 익숙해지면 상당히 먼 곳에서도 저것이 송이버섯이구나 하는 것을 알 수 있다.

찾는 포인트는 밝고 배수가 잘되며 낙엽이 그다지 많지 않은 장소가 좋을 것이다. 익숙해지면 근처를 지나기만 해도 특유의 송진 냄새가 난다. 산을 걷고 있는데 갑자기 이 냄새가 나고 그 장소를 벗어나자 냄새가 나지 않았다. 좀처럼 발견되지 않아서 실망하고 있을 때 진달래 뿌리 근처에 뻥 뚫린 구멍 안에 크고 작은 송이버섯 7개가 있는 것을 발견하였다.

한 번 이런 경험을 하고 나서는 이제 잊혀지지 않으며, 또 산행이 시작된다.

이 계절이 되면 산에 있는 선술집에서는 매일밤 〈몇 개 채집했다〉〈이런 큰 것을 채집했다〉는 등 과장된 이야기가 술꾼들의 화제가 된다. 다 큰 어른을 미치게 만드는 송이버섯의 매력은 무엇일까?

송이과
송이아재비
Tricholoma robustum

〈식용버섯〉 ●●○ 맛있다.

송이버섯에 비하면 맛도 향기도 훨씬 뒤떨어지며, 게다가 삶으면 새까맣게 된다. 그러나 외관은 정말 진짜와 비슷해서 속는 경우가 종종 있다. 송이버섯보다 약간 작다.

갓은 직경5~15cm이며, 담황갈색 바탕에 갈색의 거스러미 모양의 인편이 있다.

주름은 담황갈색이며 조밀하다. 몸체는 갓과 동색이며 5~13cm.

가을에 이 버섯을 발견한 사람이 있는데 매년 몇 번이나 송이버섯이 나는 비밀장소에 데리고 가곤 했다. 지금에 와서는 한 개도 발견하지 못하고 있다. 그러나 이상하게도 송이아재비만은 잘 발견된다. 어떤 사람은 송이아재비를 발견하고 20cm 떨어진 장소에서 진짜를 발견했다고 한다.

송이과

서리버섯

Tricholoma portentosum

〈식용버섯〉 ●●● 아주 맛있다.

가을에 소나무 숲이나 잡목림에서 발생한다. 잡목림에서 낙엽을 들추어 치워가면서 천천히 정성들여 찾는다. 유균과 도토리가 아주 비슷하므로 잘못 보는 수도 종종 있는데, 하나만 발견하면 눈에 익어서 주변에 여기저기 있는 것을 알 수 있다.

찾는 포인트는 색이 검기 때문에 경사면의 아래쪽에서 주름의 흰색을 발견하도록 찾는다.

갓은 직경 3~10cm. 원추형에서 중간 높이의 평평한 것으로 퍼진다. 색은 흑색에서 담흑색이며 생장하면 주변이 엷은 색으로 된다.

주름은 백색에서 백담색까지 있으며 조밀하다. 몸체는 백색이며 아래로 갈수록 굵어져서 탄탄하다.

먹을 수 있는 버섯

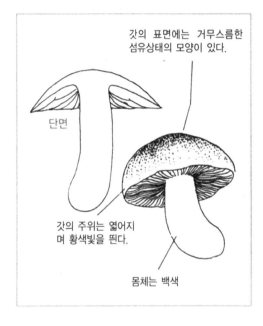

갓의 표면에는 거무스름한 섬유상태의 모양이 있다.

단면

갓의 주위는 엷어지며 황색빛을 띤다.

몸체는 백색

⊙ 요리할 때 부서지기 쉬우므로 조심스럽게 밑동을 깍아내고 뜨거운 물을 끼얹어서 만지기 좋게 해서 잘 씻는다. 모래가 붙어있는 경우가 많으므로 잘 씻어서 요리하기 바란다. 맛이 훌륭하며 송이버섯보다 맛있다고 하는 사람이 있을 정도로 인기가 좋은 버섯이다. 국을 끓이거나 버섯밥을 하면 좋을 것이다.

아주 비슷한 것에 네즈미시메지가 있다. 이것은 쓰고 매워서 식용으로는 적합하지 않다.

그물버섯과

황소그물비단버섯

Suillus bovinus

〈식용버섯〉 ●●● 아주 맛있다.

이른 가을에 소나무나 흑송의 숲에서 군생한다. 각지에서 식용으로 하고 있으며, 부르는 이름도 여러개 있는 것 같다.

갓은 직경 3~7cm이며, 거의 평평하게 퍼져 있다. 표면은 황갈색에서 적갈색이며, 점성이 있다. 관공(管孔)은 다각형이며 성기며 황갈색을 하고 있으며 몸체에서 드리워져있다. 공원이나 호수 근처, 해안 근처의 소나무 숲에서도 자주 나온다. 지나칠 때 잘 살펴보면 좋을 것이다.

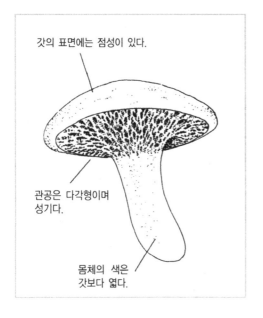

갓의 표면에는 점성이 있다.

관공은 다각형이며
성기다.

몸체의 색은
갓보다 엷다.

⊙ 된장국물 등에 넣으면 반
들반들하며 맛있다.

이 버섯은 삶으면 적갈색으
로 되므로 알고 있지 않으면
깜짝 놀라게 된다.

비슷한 부류에, 독버섯은 아
니지만 맛이 매운 매운그물버
섯과 혼동하기 쉬우므로 신경
쓰기 바란다. 매운그물버섯은
몸체를 자르면 선명한 황색이
므로 구별이 가능하다.

굴뚝버섯과

흰굴뚝버섯

Boletopsis leucomelas

〈식용버섯〉 ●●○ 맛있다.

가을에 소나무, 전나무, 솔송나무 등의 숲 속에서 땅에 붙어 있듯이 나는 비교적 발견하기 어려운 버섯이다.

갓은 직경 5~20cm이며 환산형(丸山形)에서 펴지면 평평하게 된다.

관공(管孔)은 처음에 백색이며 나중에 회색으로 된다. 몸통은 2~10cm이며 관공과 같은 색이다. 딱딱하고 딱 붙어 있다.

알고 지내는 송이버섯 채집의 명인인 사람에게 이 버섯을 보이고 만약 있으면 채집해 주도록 부탁했더니 부인 왈 〈아니 흰굴뚝버섯 아니예요? 이런 것은 얼마든지 있어요. 언제나 발로 차버리고 지나가는 걸요〉라는 것이었다. 1주일이나 지났을 때 부인은 흰굴뚝버섯을 5개 정도 가져와서 〈야아! 헤멨어요. 아무리 찾아도 전혀 없었어요. 오히려 송이버섯을 찾는 편이 훨씬 쉬워요〉라고 말하면서 송이버섯도 3개 정도 준 적이 있다. 그런 정도로 최근에는 정말로 적어진 것 같다. 수로 말하자면 송이버섯쪽이 많을지 모른다.

◉ 맛은 쓰지만 옛날부터 맛을 보는데 뛰어난 사람은 좋아하는데 현재도 정작 사려면 상당히 비싼 버섯이다.

느타리과
잣버섯
Lentinus lepideus

〈식용버섯〉 ●●○ 맛있다.

여름부터 가을에 걸쳐 소나무 등 침엽수의 잘라진 가지나 마른나무에 발생하여 딱 붙어 있고 맛있어 보이는 버섯으로 상당히 대형이 된다.

갓은 직경 5~25cm이며, 환산형(丸山形)에서 퍼지면 평평해진다. 색은 담황색이며 표면이 툭툭 갈라져서 하얀 육질이 보인다.

주름은 백색이며 조밀하다. 둘레가 톱니모양으로 되어 있다. 몸체는 2~10cm이며 중심에서 벗어나 붙어 있으며, 백색에서 담황토색이다.

어떤 사람이 현관부근에 답석대신에 미송을 둥글게 잘라 묻어 두었는데 몇 년 인가 지나서 버섯이 나왔다고 보여 준적이 있다. 가서 보니까 잣버섯 여러 자루가 있어서 요리해서 먹어 보았다.

◉ 씹히는 맛이 좋으며 향기도 좋고 정말 맛있는 버섯인데 여러 사람에게 물어보니 송진냄새가 나서 먹지 못하는 사람도 있고, 설사를 하는 사람도 있다는 이야기를 들었다. 최근에 재배 연구도 상당히 진행되어 있다고 한다.

송이과
금버섯
Tricholoma flavovirens

〈식용버섯〉 ●●○ 맛있다.

가을에 소나무 숲이나 소나무가 섞인 졸참나무 숲 등의 지상에 발생 한다. 물이 잘 빠지고 밝은 숲에서 많이 난다.

갓은 직경5~10cm이며, 황색바탕에 갈색의 작은 인편이 붙어있다.

주름은 레몬색에서 유황색이며 조밀하다. 몸체는 황백색.

이 버섯이 나오는 시기나 장소는 지면에 자라는 버섯이 많고, 서리버섯이나 황소비단그물버섯도 채집할 수 있으므로 신경써서 찾아보기 바란다.

◉ 약간 쓴맛이 있지만 국을 끓이거나 하면 좋다. 씹는 맛이 좋아 인기가 있는 버섯이다. 삶으면 약간 까맣게 된다.

먹을 수 있는 버섯

무당버섯과
젓버섯아재비
Lactarius hatsudake

〈식용버섯〉 ●●● 아주 맛있다.

갓의 표면에는 짙고 옅은 동심무늬가 있다.

상처가 난 곳이 청록색의 좀이 되어 남는다.

늦 여름부터 가을에 걸쳐서 소나무 주변에서 자주 발생한다. 천연소나무보다는 이식된 소나무 숲이나 정지(整地)된 소나무가 있는 곳에 많이 있는 것 같다. 골프장이나 공원, 하천 부지에서는 자주 발견된다.

갓은 직경 5~15cm, 색은 담적갈색부터 등갈색이고, 농담의 동심문(同心紋)이 있다.

주름은 조밀하고 상처를 입으면 암적색의 유액이 나오고 곧 청록색으로 얼룩이진다.

그 때문에 모르는 사람은 독버섯이라고 생각할 수도 있다.

◉ 옛날부터 맛있는 식용버섯이다. 씹는 맛이 좋지 않지만, 좋은 즙이 나온다고 한다.

끈적버섯과

노 란 띠 버 섯

Rozites caperata

〈식용버섯〉 ●●● 아주 맛있다.

가을에 소나무 숲에 드
문드문 난다. 소나무의
낙엽이 잔뜩 쌓여서 송이
버섯이 나오지 못하게 된
산 등에서 잘 자란다.
 갓은 직경5~10cm. 처
음에는 반구형이다가 나
중에는 평평해진다. 색은
황토색.

주름은 조밀하며 갓이 펴
지면서 녹색으로 된다. 몸
체는 상하 같은 굵기의 막
대기 모양으로 딱딱해지
며, 막질(膜質)인 차양을
붙이고 있다.

◉ 오래전부터 식용버섯으
로 친숙해져 있으며, 여러
가지 요리에 사용된다.

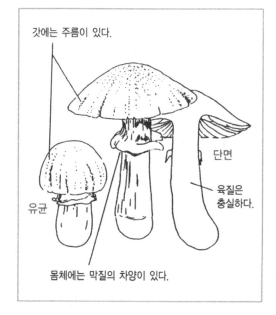

갓에는 주름이 있다.

단면

육질은
충실하다.

유균

몸체에는 막질의 차양이 있다.

먹을 수 있는 버섯

꾀꼬리버섯과
뿔나팔버섯
Craterellus cornucopioides

〈식용버섯〉 ●●○ 맛있다.

여름에서 가을에 걸쳐 소
나무 숲뿐만 아니라 비교적
어떤 숲에도 나는데 색이 검
고 크기도 그렇게 크지 않으
므로 눈에 띄기 어려운 버섯
이다.

높은5~10cm의 나팔모양이
며 갓의 부분은 직경 1~4cm.
엷은 막질(膜質)의 버섯이다.

◉ 식용대상으로 되어 있지
않는데, 프랑스에서 온 선
물에 이것을 말린 것이 있
어서, 현재 맛있게 먹는 법
을 연구중이다.

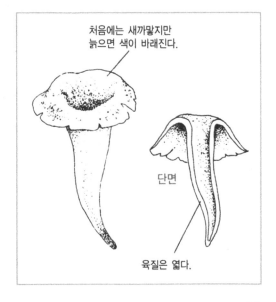

처음에는 새까맣지만
늙으면 색이 바래진다.

단면

육질은 엷다.

턱수염버섯과
턱수염버섯
Hydnum repandum

〈식용버섯〉 ●●○ 맛있다.

전체가 계란색인 버섯이다. 부드러운 육질로 부서지기 쉽고 갓 안쪽에는 무수히 많은 바늘 모양의 것이 늘어져 있다.

같은 부류 중에 하얀 것을 하얀턱수염버섯이고 하는데 어느 쪽이나 식용으로 이용할 수 있다. 부서지기 쉽고, 또 바늘 모양의 것에 먼지가 있는데 귀찮으므로 이것을 채집할 때에는 가능하면 다른 곳에 넣어 두는 것이 좋을 것이다. 여러 가지 버섯을 섞어서 넣으면 바구니 안에서 부서져 어디에 있는지 알 수 없게 되어 버린다.

◉ 튀김 등으로 하면 맛있을 것이다.

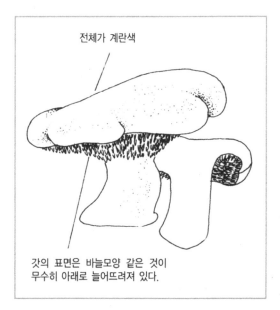

전체가 계란색

갓의 표면은 바늘모양 같은 것이 무수히 아래로 늘어뜨려져 있다.

벚꽃버섯과

붉은산벚꽃버섯

Higrocybe conica

〈식용버섯〉 ●●○ 맛있다.

가을에 잡목림, 초원이
나 길가에 자라는 아주
예쁜 버섯이다.
갓은 직경 2~5cm의 원
추형인데 점점 벌어져서
가운데 부분만이 튀어나
온다. 표면이 섬유상태이
며 등황색에서 적황색의
예쁜색 이다.

몸체는 황색이며 섬유상태의 세
로선이 있으며, 전체를 만지면 까
맣게 되는 성질이 있다.

◉ 식용으로 이용할 수 있다고 하
는데 아직 먹어본 적이 없는데 도
데체 어떤 맛일까.

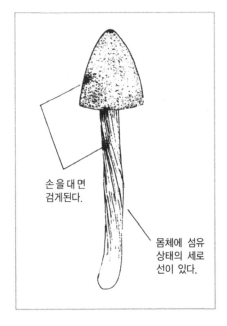

손을 대면
검게된다.

몸체에 섬유
상태의 세로
선이 있다.

먹을 수 있는 버섯

독청버섯과

꽃양산버섯

Pholiota flammans

〈식용버섯〉 ●●○ 맛있다.

가을에 침엽수의 잘라 진 그루터기나 쓰러진 나 무에 발생한다. 갓의 직 경은 2~10cm. 유황색이 며 거스러미같은 모양의 인편이 있다.

주름은 갓과 같은 색인 데 결국에는 녹이 슨 것 같은 색으로 된다. 몸체 는 갓 같은 모양으로 거 스러미 상태의 인편이 있다.

◉ 먹을 수 있지만 많이 채집할 수 있는 버섯은 아니다.

갓과 몸체에는 거스러미모양 의 인편이 있다.

못버섯과

못버섯
Chroogomphus rutilus

〈식용버섯〉 ●●○ 맛있다.

여름부터 가을에 걸쳐 소나무 숲에 자란다.

갓은 직경 2~6cm. 처음에는 원추형이지만 펴지면 위가 평평한 역추형으로 된다. 황토색에서 점차 적색기를 띠기 시작한다. 주름은 황갈색으로 드리워져 있으며 엉성하다.

몸체는 4~8cm이며 갓보다 엷은 색이다.

못버섯, 황소비단그물버섯, 큰마개버섯, 검은비늘버섯 등은 같은 장소에서 채집할 수 있는 경우가 많은 것 같다. 어린 소나무를 옮겨 심은 장소에서 많이 나온다.

◉ 먹을 수는 있지만 그렇게 맛있지는 않다. 삶으면 검게 된다.

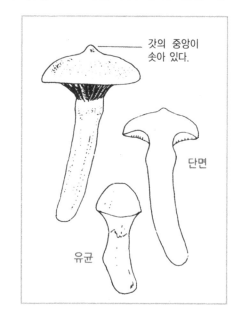

갓의 중앙이 솟아 있다.

단면

유균

못버섯과

큰마개버섯

Gomphidius roseus

〈식용버섯〉 ●●○ 맛있다.

여름부터 가을에 걸쳐 소나무 숲에서 자란다.

갓은 직경 2~6cm. 담홍색이며 점성이 있다.

주름은 백색이며 커다랗게 드리워져 있다. 몸체는 3~6cm이며, 불완전한 검은 차양이 있고 뿌리쪽에는 황색으로 된다. 잘 모르지만 황소비단그물버섯과 붙어 살고 있는 것을 자주 발견하게 된다.

◉ 삶으면 검어진다.

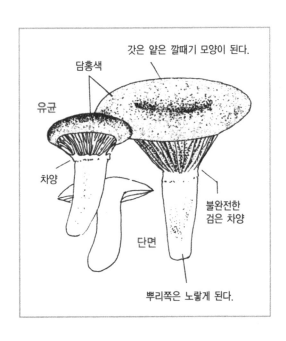

갓은 얕은 깔때기 모양이 된다.

담홍색

유균

차양

단면

불완전한 검은 차양

뿌리쪽은 노랗게 된다.

너도밤나무, 졸참나무 숲에서
채집할 수 있는 식용버섯

중국지방의 고지대나 중부이북지방의 삼림을 이루고 있는 너도밤나무나 졸참나무 숲은 버섯의 종류도 많아서 정말로 버섯의 보고라 할 수 있다. 최근에는 숲길이 산속까지 뚫려서 거의 차로 들어갈 수 있게 되었다. 산길을 달리고 있으면 창으로도 서서 말라죽은 너도밤나무에 군생하고 있는 버섯이 보인다. 그 반면 스키장개발 등으로 숲이 망가져 가는 것을 보면 쓸쓸한 느낌이 든다.

무당버섯과
배젖버섯
Lactarius volemus

〈식용버섯〉 ●●● 아주 맛있다.

여름부터 가을에 걸쳐 광엽수림의 지상에 사는 버섯이다.

갓은 직경 4~13cm. 표면은 오렌지갈색이며 빌로드모양의 미세한 털에 싸여 있다. 주름은 황색기를 띤 백색. 몸체는 갓과 같은 색이며 딱 부러진다.

상처가 나면 거기에서 하얀 우유같은 액체가 나온다. 이와 같이 유액이 나오는 부류는 많이 있는데 그것이 맵거나 쓰거나 한다. 이 버섯의 경우는 약간 떫다.

배젖버섯은 가을에 국수에는 없어서는 안되는 것이라고 한다. 옛날부터 큰비단그물버섯을 좋아하는 것과 마찬가지로 사람들은 이 버섯을 좋아한다고 한다.

⊙ 이 버섯부류는 어느 것이나 푸석푸석하여 씹히는 느낌은 좋지 않지만 좋은 맛이 우러나온다고 하며, 삶는 국수나 찌개등에 넣으면 좋을 것이다.

느타리과

노랑느타리

Pleurotus citrinopileatus

〈식용버섯〉 ●●● 아주 맛있다.

장마철부터 여름에 걸쳐서 광엽수림의 마른나무나 쓰러진 나무, 잘라진 그루터기에서 자란다. 다른 버섯에 비하여 자라는 시기가 다른 것과 색이 선명하기 때문에 산지 이외의 사람은 아는 사람이 적은 것 같다.

갓은 직경 2~6cm이며, 색은 깨끗한 레몬옐로이다. 성숙하면 가운데 부분이 우묵하게 패여온다. 주름은 백색으로 조밀하고, 몸체에 드리워져있다.

몸체는 4~15cm이며 희고 뿌리와 달라붙어 있어서 커다란 포기모양으로 되며, 한 포기가 1kg이상이나 되는 것도 있다.

◉ 향기도 맛도 상당히 좋은 버섯이다. 최근에는 재배도 되고 있다.

마늘과 버터로 볶아서 소금·후추를 뿌려 스파게티로 무치면 아주 맛있게 먹을 수 있다.

벗꽃버섯과
다색벗꽃버섯
Hygrophorus russula

〈식용버섯〉 ●●○ 맛있다.

초가을 무렵부터 광엽수림 속의 지상에 나서 페어리링을 형성하고 있는 것을 자주 발견할 수 있다.

갓은 직경 5~15cm이며, 독특한 포도주색을 하고 있다.

주름은 백색인데 포도주색의 좀이 나온다. 몸체는 4~15cm, 백색에서 포도주색으로 된다. 좋은 장소를 만나면 100개 이상의 다색벗꽃버섯이 원형으로 자라고 있는 곳을 우연히 만나게 된다.

왜 그런지 이 버섯은 조금 오래 되면 섬모상태의 곰팡이가 슬기 쉬우며, 신선도가 좋은 것도 가지고 와서 2일만 두면 마찬가지의 상태가 되는 경우가 많다고 한다.

갓은 포도주색

갓이나 몸체에는
같은 색의 짙은
좀이 있다.

◉ 형태도 매우 단단한 버섯이지만 쓴맛이 있으므로 한 번 데치거나 소금에 절이는 것이 보통이다. 물론 이 쓴맛을 좋아하는 사람도 있다.

먹을 수 있는 버섯

독청버섯과

나도팽나무버섯(맛버섯)

Pholiota nameko

〈식용버섯〉 ●●● 아주 맛있다.

새삼스럽게 설명할 필요도 없을 만큼 유명한 버섯이지만 자라고 있는 상태를 본 사람은 의외로 많지 않은 것 같다.

가을부터 늦가을에 걸쳐 쓰러진 너도밤나무나 잘라진 그루터기에서 자란다.

갓은 직경 3~10cm. 담황갈색이며 상당히 많은 점액에 둘러싸여 있다.

주름은 조밀하며 담황색에서 담갈색으로 된다. 몸체는 담황색으로 점성이 있다.

너도밤나무 숲의 대표적인 버섯이며 인기도 최고다.

최근에는 산속의 너도밤나무 숲에까지도 숲길이 연장되었기 때문에 주말이 되면 대단한 차의 행렬로 조금만 늦으면 차를 댈 곳조차 없다.

채집할 때 뿌리가 굽은 대나무를 헤치고 우선 너도밤나무의 쓰러진 것이나 잘려나간 그루터기를 찾는다. 좋은 것을 만나면 작경 1m 이상이나 되는 쓰러진 나무에 나도팽나무버섯이 빽빽하게 자라서 한 번에 몇 십 km이나 채집하는 경우도 있다. 그런 때에는 주변에 아무도 없는데도 흥분하여 서두르게 되는데, 가능하면 커다란 것만을 채집하고 작은 것은 다음 사람을 위하여 남겨두기 바란다. 슈퍼에서 볼 수 있는 것은 엄지손가락만큼의 크기여서 정말로 귀여워 보이지만, 천연에서 자란 것은, 갓의 크기가 10cm이상인 것도 있다. 직경이 1m에 가까운 너도밤나무를 완전히 덮어서 숨길 정도로 군생하고 있는 모습은 말로다 표현하기 어려울 정도이다.

이런 즐거움도 너도밤나무림의 벌채가 점점 진행되면 결국에는 없어져 버리는 것은 아닐까.

독청버섯과

검은비늘버섯

Pholiota adiposa

〈식용버섯〉 ●●● 아주 맛있다.

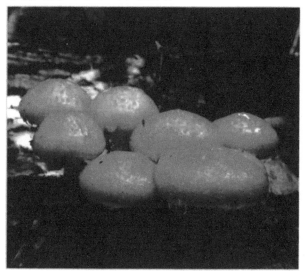

가을에 너도밤나무나 솔송나무가 쓰러진 것, 잘려나간 그루터기에 생긴다. 나도팽나무버섯보다 조금 이른 시기에 발생한다.

갓은 직경 3~8cm이며 황갈색. 점성이 있기는 하지만 나도팽나무버섯 정도는 아니다. 주름은 조밀하며 황색에서 녹색이다.
몸체는 5~10cm이며 담황색. 또 갓이나 몸체에는 독특한 거스러미모양의 인변이 있다.

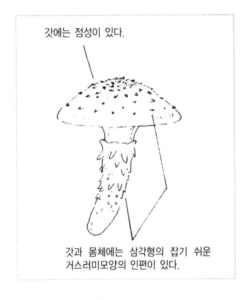

갓에는 점성이 있다.

갓과 몸체에는 삼각형의 잡기 쉬운
거스러미모양의 인편이 있다.

● 좋은 장소를 발견하면 한 곳에서 많은 양을 채집할 수 있는 경우가 많으므로 소금에 절이거나 병조림해 두면 일년 내내 먹을 수 있고 색도 예뻐서 매우 귀중한 보물같다. 씹는 느낌이 좋으며 맛있는 버섯이다.

최근에는 재배용 종균(種菌)도 시판되고 있으므로 원목을 입수할 수 있다면 집에서 조금씩 재배하여 보는 것도 재미있을 것 같다.

산호침버섯과
너도밤나무바늘버섯
Mycoleptodonoides aitchosonii

〈식용버섯〉 ●●● 아주 맛있다.

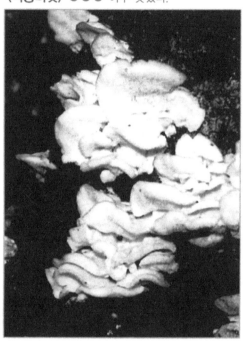

이름처럼 너도밤나무 숲에 많이 나는 버섯이다. 가을에 잘려 나간 너도밤나무의 그루터기나 쓰러진 나무에 겹치듯이 군생하고 있다. 전체적으로 하얀색 버섯이며, 반원형인 것부터 부채모양인 것까지 불규칙한 모양을 형성한다.

갓의 직경은 3~10cm. 갓의 이면에는 짧은 바늘모양의 것이 무수히 늘어져 있다. 몸체는 거의 없다.

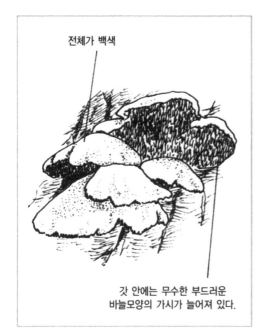

전체가 백색

갓 안에는 무수한 부드러운
바늘모양의 가시가 늘어져 있다.

◉ 특유의 냄새가 있는데 익숙해지지 않으면 좋은 향기라고 생각되지 않을지도 모르겠다.

그러나 수량이 많으므로 소금에 절여 두면 좋을 것이다. 벌레가 먹기 쉬운 버섯이지만 그다지 신경 쓸 것은 없다. 요리할 때는 손으로 잘게 찢으면 벌레를 쉽게 잡을 수 있다. 베이컨 등과 함께 볶으면 맛있게 먹을 수 있다.

구멍장미버섯과
잎새버섯
Grifola frondosa

〈식용버섯〉 ●●● 아주 맛있다.

가을에 솔송나무나 커다란 메밀잣밤나무의 뿌리근처에 발생한다.

가지가 여러 갈래로 갈라진 몸체와 3~5cm의 주걱모양이나 부채모양을 한 갓의 집단이 모여서 하나의 덩어리를 형성한다. 전체적인 크기는 높이 15~40cm, 폭이 15~50cm 정도까지나 된다. 무게는 커다랗게 되면 한 포기에 3~4kg도 된다.

갓은 처음에는 새까맣고 성숙해서 늙어 갈수록 퇴색해서 담회갈색으로 된다. 안쪽의 관공면(管孔面)은 흰색이다.

이 버섯은 초보자가 발견하는 경우는 드물며 통상 산의 구석구석까지 다 알고 있는 베테랑이 산을 이 잡듯이 뒤지며 찾아다닌다. 찾아내는 포인트는 솔송나무나 늙은 상수리나무를 찾는 것이다. 다만 잘 알고 있지 않는 산이면 자신도 모르는 사이에 깊은 산속까지 들어가서 곰을 만나거나 조난하는 경우가 있으므로 충분한 주의가 필요하다.

이와 같이 잎새버섯은 보통 심산유곡에서 자라는 버섯이지만 의외의 장소에서도 난다.

예를 들면 학교교정의 벚나무를 자른 그루터기에 난다거나 공원의 늙은 나무에 난다는 이야기를 자주 듣는다.

산호침버섯과
노루궁뎅이
Hericium erinaceum

〈식용버섯〉 ●●○ 맛있다.

가을에 광엽수가 말라 죽은 것이나 생목의 높은 곳에 발생한다. 노루가 매달려 있는 것처럼 보이는데 비교적 희귀한 버섯이다.

전체적으로 하얗고 바늘같은 것이 무수히 늘어져 있으며, 수도승이 가슴에 붙이고 있는 삭모를 떠올리게 한다.

직경은 5cm 정도인 것부터 큰 것은 30cm 정도까지나 된다. "연회장에 갈 때 술을 마시지 못하는 사람이 말린 노루궁뎅이를 주머니에 넣고 가서, 받은 술을 스며들게 했다"는 이야기를 자주 듣는다.

◉ 맛도 향기도 그다지 좋은 편은 아니지만 귀한 버섯이기 때문에 어쩌다 채집해 올 때는 닭고기와 함께 끓이면 아무렇지도 않게 먹을 수 있다.

중국에서 병조림을 해서 팔고 있다고 한다.

산호침버섯과

아이누버섯

Climacodon septentrionalis

〈식용버섯〉 ●●○ 맛있다.

가을에 말라 죽은 너도밤나무나 살아 있는 나무의 줄기 위에 반원형의 것이 서로 겹치듯이 발생한다.

갓의 크기는 5~15cm. 색은 엷은 황갈색. 갓의 이면에는 엷은 황갈색의 짧은 바늘같은 것이 늘어져 있다.

느타리과
산느타리
Pleurotus ostreatus

〈식용버섯〉 ●●● 아주 맛있다.

각종 광엽수의 그루터기, 죽은 나무 등에 거의 1년 내내 발생하는 버섯이며, 드물게 생목에도 발생한다.

갓은 직경 5~20cm. 담회색에서 부채형태. 주름은 백색. 몸체도 백색인데 짧다.

또 콜타르를 칠한 전봇대에서 자라는 것을 본 적도 있다. 이 버섯의 생명력은 대단히 강한 것 같다.

◉ 오이스터키시룸이라는 이름으로 해외에서는 식용으로 널리 이용되고 있으며 어떤 요리에도 잘 어울리는 맛있는 버섯이다. 커다란 산느타리를 버터에 튀기면 대단히 맛있다.

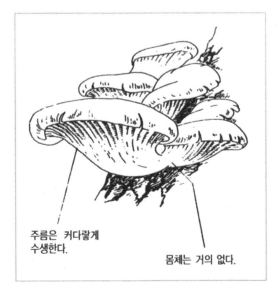

주름은 커다랗게 수생한다.

몸체는 거의 없다.

송이과

느티만가닥버섯

Hypsizigus marmoreus

〈식용버섯〉 ●●● 아주 맛있다.

가을에 쓰러진 너도밤 나무나 그루터기 등에 자라는 버섯이다.

갓은 직경 4~13cm. 표면은 담회색에서 회갈색이며, 가운데 부분에 독특한 대리석 모양이 있다.

주름은 백색이며 조밀하다. 몸체는 4~15cm이며 갓과 같은 색이다. 슈퍼에 진열되어 있는 느티만가닥버섯보다 훨씬 참하다.

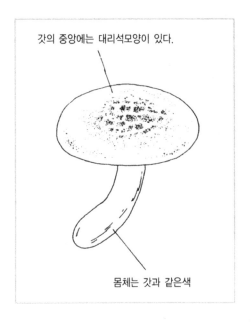

갓의 중앙에는 대리석모양이 있다.

몸체는 갓과 같은색

◉ 맛은 뒷맛이 없고 씹히는 느낌도 좋으며 불에 구워도 형체가 흐트러지지 않아서 요리에 잘 어울린다.

다만 이 버섯만을 찾아 다녀도 그리 많이 채집할 수 있는 것은 아니다.

독청버섯과

꽈리비늘버섯

Pholilta lubrica

〈식용버섯〉 ●●● 아주 맛있다.

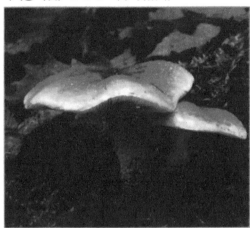

가을에 광엽수나 침엽수가 있는 땅 또는 썩은 나무에 군생한다. 소나무 숲이나 삼목림에서도 자주 발견된다. 늦가을에 삼목림 안에 들어가면 자주 발견할 수 있다.

갓은 직경 5~10cm. 만두모양이다가 나중에 평평하게 펴진다. 붉은 벽돌색이며 주변은 엷은색이다. 어릴 때에는 주변부에 거스러미모양의 하얀 인편이 있으며, 강한 점성도 가지고 있다.

주름은 담황색에서 점토색으로 되며, 조밀하다. 몸체는 5~10cm이며 백색이다. 아래쪽은 약간 갈색을 띠며 전체에 거스러미모양의 인편이 있다.

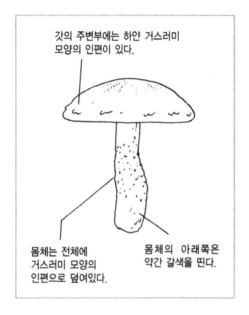

갓의 주변부에는 하얀 거스러미
모양의 인편이 있다.

몸체는 전체에
거스러미 모양의
인편으로 덮여있다.

몸체의 아래쪽은
약간 갈색을 띤다.

◉ 맛은 좋으며 찌개 등에 좋다.

◉ 다만 유독한 담갈색송이와 혼동하는 경우가 있으므로 주의한다.

송이과

늦은호엔부엘버섯

Panellus serotinus

〈식용버섯〉 ●●○ 맛있다.

가을에 죽은 광엽수나 쓰러진 나무에 잔뜩 겹친 것처럼 자란다. 생목에 발생하는 경우도 있다.

갓은 직경 5~15cm의 반원형이며, 황토색부터 황갈색을 하고 있다. 표면은 가는 털로 덮여 있으며 표피가 굵히기 쉬운 성질이 있다.

주름은 조밀하며 황백색. 몸체는 1~3cm로 굵으면서 짧고, 갓의 한쪽에 붙어 있다.

일단 좋은 곳을 찾으면 가지고 돌아오기 힘들만큼 채집하는 것도 쉽다.

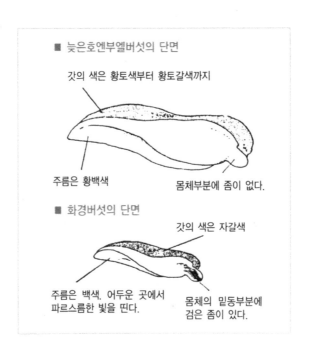

■ 늦은호엔부엘버섯의 단면

갓의 색은 황토색부터 황토갈색까지

주름은 황백색

몸체부분에 좀이 없다.

■ 화경버섯의 단면

갓의 색은 자갈색

주름은 백색. 어두운 곳에서
파르스름한 빛을 띤다.

몸체의 밑둥부분에
검은 좀이 있다.

◉ 다만 유독한 화경버섯과 혼동하는 경우가 있으므로 주의하기 바란
다.

매년, 혼동하여 화경버섯에 중독되는 예가 많다. 잘 살펴보면 화경버
섯과는 많이 다르다는 것을 알 수 있다. 한번 두 가지의 버섯을 나란
히 놓고 비교해서 보기 바란다.

◉ 요리로는 전골이나 찌개에 사용하면 좋을 것이다.

낙엽송 숲에서 채집할 수 있는 식용버섯

　전후에 점점 많이 심어진 낙엽송도 최근에는 그다지 돈이 되지 않기 때문에 손길이 미치지 않게 되어 대단히 황폐해져 갔다.

　손길도 닿고 있는 숲은 걷기도 쉽고 버섯의 수확도 많으며 단풍이나 신록도 정말 아름답다. 낙엽송의 뿌리와 공생하고 있는 버섯뿐만 아니라 벌채된 그루터기에 개암버섯과 뽕나무버섯도 많이 자라고 있다.

그물버섯과

큰비단그물버섯

Suillus grevillei

〈식용버섯〉 ●●● 아주 맛있다.

가을에 낙엽송 숲의 지상에서 나는 대표적인 버섯이다.

　갓은 직경 4~12cm이며 적갈색이다. 유균(幼菌)일 때에는 갓의 안쪽이 막에 덮여 있는데 생장하면서 막은 몸체의 머리 부분에 부서지기 쉬운 차양이 되어 남는다.

관공(管孔)은 황색.

몸체는 길이 5~10cm로 황색부터 황갈색까지이다. 부서지기 쉬운 막질인 차양이 있으며, 차양보다 조금 위에는 약간의 망사모양이 있다.

낙엽송의 뿌리에 균근을 만들고 군생하거나 페어리링을 형성하는 경우가 자주 있다.

아침에 일찍 가면 반짝반짝 빛이 나서 발견하기 쉬우며 아주 맛있어 보인다.

자주 버섯채집에 나서서 피곤해진 사람이 숲에 들어가지 않고 길을 따라 걷고 있다가 많이 채집하는 경우가 있다. 이 큰비단그물버섯도 울창한 숲이나 북쪽으로 난 경사면의 해가 비치지 않는 곳에서 잘 자라지 않는다.

단정하게 정리된 낙엽송 숲, 낙엽송 숲에 새로운 나무가 들어 온 곳, 낙엽송 숲의 입구나 길가 등이 의외로 눈에 잘 띄지 않아 손을 타지 않는 곳이 많다.

◉ 요리할 때는 너무 오랫동안 물에 담그어 두거나 일찍 씻어 두면 물을 잔뜩 머금어서 색도 나빠진다. **요리하기 직전에 재빠르게 씻어내야 한다.**

그물버섯과

나무오르기버섯

Suilus spectabilis

〈**식용버섯**〉 ●●○ 맛있다.

이른 가을에 낙엽송 숲의 땅에 발생하며 드물게 잘려진 그루터기나 쓰러진 나무위에도 발생하는 경우가 있다. 큰비단그물버섯이 채집되는 경우가 많으며 특별히 구별하고 있지 않는 지방도 있다.

현저하게 점성이 있으며, 비가 개인 후나 안개가 끼어 있거나, 아침이슬로 젖어 있을 때 등에 발견하기 쉬운 버섯이다.

갓은 직경 4~10cm이며, 황갈색 바탕에 적갈색의 거스러미상태의 얼룩반점이 있다.

관공(管孔)은 엷은 황색이며 상처가 나면 담홍색으로 된다. 몸체는 4~10cm이며 점막상태의 차양이 있다.

먹을 수 있는 버섯

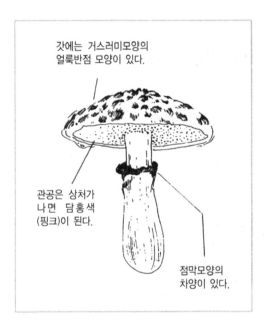

갓에는 거스러미모양의
얼룩반점 모양이 있다.

관공은 상처가
나면 담홍색
(핑크)이 된다.

점막모양의
차양이 있다.

◉ 눈으로 봐서는 그다지 식욕이 돌지 않지만 의외로 맛있으며 찌개나 국물에 사용하면 액체가 나와 맛있게 먹을 수 있다.

송이과
배불뚝이깔때기버섯
Clitocybe clavipes

〈식용버섯〉 ○○○ 맛없다.

가을에 낙엽송 숲의 땅
에서 자라는 버섯이다.

갓은 직경 3~8cm. 어
릴 때는 역원추형이다가
생장함에 따라 가운데가
움푹 패여서 깔때기모양
으로 된다. 색은 담회색
에서 담회갈색까지 있다.
주름은 크림색이며 커다
랗게 늘어져 있고 약간
엉성하다. 몸체는 갓과
같은 색이며 뿌리쪽으로 갈수록 굵어져서 식물처럼 된다.

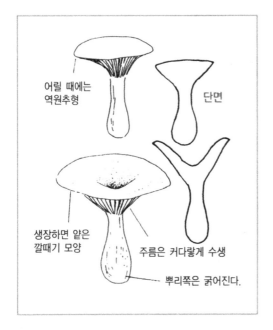

어릴 때에는
역원추형

단면

생장하면 얕은
깔때기 모양

주름은 커다랗게 수생

뿌리쪽은 굵어진다.

◉ 맛있는 버섯이지만 술과 함께 먹으면 즉시 중독을 일으킨다. 인간의 체내에 있는 알코올을 분해하는 효소가 일시적으로 파괴되기 때문이라고 한다. 배불뚝이 깔때기버섯을 먹을 때에는 전후 3일간 정도는 술을 마시지 않는 것이 안전하다.

독청버섯과

개 암 버 섯

Naematoloma sublateritium

〈식용버섯〉 ●●● 아주 맛있다.

가을에 거의 모든 광엽
수나 낙엽송의 그루터기,
묻힌 나무, 쓰러진 나무
등에 군생한다.

갓은 직경 3~10cm이
며, 반구형이다가 나중
에 평평하게 펴진다. 색
은 밤색이며 주변에는
솜부스러기 같은 섬유가
붙어 있는 경우가 많은
것 같다.

주름은 조밀하고 처음에는 황백색이지만 뒤에 자갈색으로 된다. 몸
체는 길어서 5~15cm이며, 윗부분은 황백색이지만 아래로 내려감에
따라 녹색으로 된다.

포기모양으로 자라고 있으므로 수확량이 많은 버섯이다. 먼지가 잘
붙지 않기 때문에 가위로 버섯의 밑동을 잘 잘라 두면 거의 씻지 않고
요리에 사용할 수 있다.

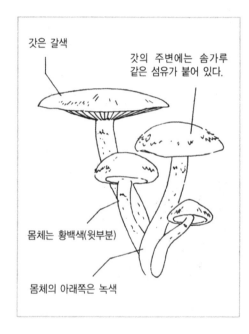

갓은 갈색

갓의 주변에는 솜가루 같은 섬유가 붙어 있다.

몸체는 황백색(윗부분)

몸체의 아래쪽은 녹색

◉ 버섯밥 등에 이용한다. 다만 삶으면 쭈그러들어 버리는 점이 아쉽다.

◉ 같은 부류에 노란다발이라는 맹독버섯이 있다. 이것은 원래 샛노랗고 씹어보면 대단히 쓰므로 구별이 가능하지만 한 그루터기에 두 종류의 버섯이 함께 나는 경우도 있으므로 주의하기 바란다.

먹을 수 있는 버섯

송이과
뽕나무버섯
Armillariella mellea

〈식용버섯〉 ●●● 아주 맛있다.

식용버섯으로도 나무의 병원균으로서도 이름이 나 있는 버섯이다. 이 버섯은 초가을에서 늦가을에 걸쳐서 죽은 나무나 쓰러진 나무, 잘린 나무의 그루터기 등에 발생한다.

갓은 3~10cm. 표면은 담갈색에서 갈색까지 있으며, 가운데 부분에 작은 인편이 있고, 주변에는 방사선모양의 줄이 있다.

주름은 수생(垂生)상태이며 백색이다. 나중에 담갈색의 좀이 생기는 경우가 많은 것 같다. 몸체는 아랫부분이 약간 부풀어 있으며 탄탄한 섬유질로 되어 있고 속은 비어 있다. 분명한 차양이 있다. 색은 담갈색에서 흑갈색까지 있다.

먹을 수 있는 버섯

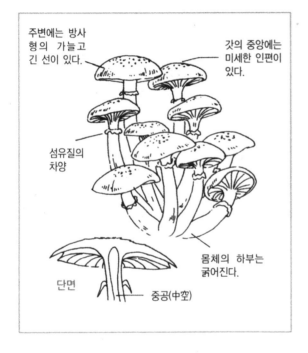

주변에는 방사
형의 가늘고
긴 선이 있다.

갓의 중앙에는
미세한 인편이
있다.

섬유질의
차양

몸체의 하부는
굵어진다.

단면

중공(中空)

◉ 매우 얄팍한 육질이지만 의외로 맛이 좋고, 이 버섯을 좋아하는 사람이 많아서 이전만큼 많이 채집하기 어렵게 되었다. 그러나 가끔 좋은 그루터기를 발견하면 금방 바구니에 다 담지 못할 만큼 많다. 일단 이런 생각을 하면 다시는 버섯채집을 잊지 않게 된다.

벚꽃버섯과

처녀버섯

Camarophyllus vigineus

〈식용버섯〉 ●●○ 맛있다.

가을에 낙엽송 숲이나 광엽수 숲 안의 땅에 발생한다.

전체적으로는 거의 백색이며 갓의 가운데 부분이 아주 조금 살색으로 물들어 있다. 주름은 백색이며 몸통에 수생(垂生)하고 크기는 갓의 직경이 3~6cm, 몸체는 5~10cm 정도이다. 몸체의 색은 갓과 같은 색.

작은 버섯이기 때문에 그다지 버섯채집의 대상이 되지는 않는다. 채집할 때는 큰비단그물버섯 등과 함께 집어넣으면 어디에 있는지 알 수 없게 되어 버린다. 몇 개씩 종이봉투에 넣어서 별도로 두면 편리하다.

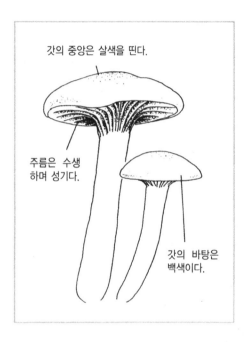

갓의 중앙은 살색을 띤다.

주름은 수생
하며 성기다.

갓의 바탕은
백색이다.

⊙ 버섯만을 많이 채집하려해
도 대단히 힘든 일이므로 산
에 갈 때마다 몇 개씩 따서 집
에 가지고 와서 국을 끓이면
아주 좋을 것이다.

먹을 수 있는 버섯

벚꽃버섯과

노란털벚꽃버섯

Hygrophorus lucorum

〈식용버섯〉 ●●● 아주 맛있다.

늦가을, 다른 버섯의 채집이 거의 끝나갈 무렵, 낙엽송 숲의 지상에 드문드문 발생한다.

시기적으로 늦는 점과 버섯자체가 작기도 해서 별로 채집대상이 되지는 않는 것 같다.

이외에 혼동할 만한 버섯도 없고, 깊이 찾지 않아도 끈기만 있으면 많이 채집할 수 있다.

갓은 직경 3~6cm. 깨끗한 황색이며 점성이 있다.

주름은 비교적 성기며 엷은 황색이다. 몸체는 5~10cm 정도이며 굵기는 5mm 정도다. 색은 담황색이며 점성이 약간 있다. 갓에도 몸체에도 점성이 약간 있으므로 하나씩 먼지나 밑동을 조심해서 떼어내면서 바구니에 담지 않으면 요리할 때 대단히 힘드므로 주의하기 바란다.

◉ 맛이 좋은 버섯이므로 깨끗한 색을 살려서 큰 접시에 다른 요리와 함께 올려놓으면 한층 더 식욕이 날 것이다. 살짝 데쳐서 마요네즈에 무쳐도 맛있지만 데칠 때 예쁜색은 날아가 버린다.

요리에 이 버섯의 색을 살릴 수 있으면 좋겠지만, 아쉽게도 탈색해 버린다.

그물버섯과

낙엽송홍화버섯

Boletinus paluster

〈식용버섯〉 ●●○ 맛있다.

여름부터 가을에 걸쳐 낙엽송 숲 속의 땅에 군생한다.

갓은 직경 3~10cm. 표면에 점성은 없고 섬유질의 작은 인편에 덮여 있으며, 짙은 홍색을 띤 갈색에서 점차 색이 바래서 황갈색으로 된다.

관공(管孔)은 황색이며 약간 수생(垂生). 몸체는 길이가 4~8cm이며 부서지기 쉬운 차양이 있고 차양에서 약간 아래는 갓과 같은 색, 위는 황갈색이다.

◉ 먹을 수 있는 버섯이기는 하지만 황금그물버섯과 마찬가지로 그다지 식용화 되어 있지 않으며 약간 쓴맛이 있어서 그다지 맛있다고는 할 수 없다.

그물버섯과

황금그물버섯

Boletinus cavipes

〈식용버섯〉 ●●○ 맛있다.

여름이 끝날 무렵부터 가을에 걸쳐서 낙엽송 숲 속의 지상에 군생한다. 갓은 3~10cm이며, 갈색부터 적갈색까지 있다. 표면은 점성이 없으며 섬유상태의 작은 인편에 덮여 있어 사슴의 가죽 같은 느낌이다.

관공(管孔)은 황색이며 구멍의 입구는 조잡하며 몸체에 수생(垂生)하고 있다. 몸체는 갓과 같은 색의 인편으로 덮여 있다.

◉ 끓이면 녹을 것 같은 느낌이며 그다지 식물의 대상으로는 되지 않는 모양인데 된장국 등에 좋을 것이다.

소졸참나무, 상수리나무 숲에서
채집할 수 있는 식용버섯

야산의 잡목림에서 가장 손쉽게 버섯채집이 가능하다. 또 버섯의 종류도 많아서 부족하지 않다. 요즈음 아이들은 잡목림에 자주 가지 않지만 우리들이 어렸을 때에는 잡목림이 훌륭한 놀이터였다. 그 때문에 여러 가지 버섯도 모르는 사이에 외우게 되었던 것이다.

끈적버섯과
키 다 리 끈 적 버 섯
Corinarius elatior

〈식용버섯〉 ●●○ 맛있다.

가을에 광엽수와 소나무의 혼생림에 발생한다.

갓은 직경 5~15cm 이며 환산형(丸山形)이다가 나중에 펴져서 평평해진다. 황토갈색이며 현저한 점액으로 둘러싸여 있다. 주변에는 방사선모양의 주름이 있다.

갓의 주변에는 방사형의 주름이 있다.

갓은 현저한 점액에 덮여 있다.

몸체는 막대기 모양이며 단단하다.

주름은 담황색부터 황토갈색으로 되며 조밀하다. 몸통은 백색부터 담자색으로, 막대기 모양이며 단단하며 점성이 있다. 비 개인 후 등 젖어 있을 때에는 반짝이기 때문에 발견하기 쉬울 것이다.

⊙ 갓의 점액과 씹히는 맛이 좋은 몸체는 국물에 적합하다.

불로초과
불로초
Ganoderma lucidum

〈식용버섯〉 ○○○ 맛없다.

초여름부터 가을에 걸쳐서 광엽수의 잘려진 그루터기에 나는데, 산중에서는 그렇게 언제나 발견할 수 있는 버섯은 아니다. 오히려 정원의 벚나무나 오래 된 매실나무에 자라는 편이 많을지도 모르겠다.

갓은 불규칙한 부채모양이며, 니스 같은 광택이 있다. 크기는 5~15cm. 색은 적갈색. 주변에 생장을 계속하고 있는 부분은 황색이다.

관공(管孔)은 황백색. 몸체는 5~15cm이며 굽어져 있다. 색은 흑갈색이며 문지르면 광택이 난다.

중국에서는 옛날부터 불로장수의 약으로서 유명하다.

이것을 잘게 해서, 커피 필터에 걸러서 마시면 입이 비틀어질 정도로 써서 인기는 없었으며 최근에는 차차 나오지 않게 되었다.

어느 정도 효력이 있는지는 모르겠지만 상용하고 있는 사람에게서 들으면 혈압이 내려갔다거나 몸의 상태가 좋다고 하는 사람도 상당히 있는 것 같다.

먹을 수 있는 버섯

송이과

쓴송이

Tricholoma sejunctum

〈식용버섯〉 ●●○ 맛있다.

가을에 잡목림에 발생한다.

갓은 직경 4~10cm. 황색바탕에 검게 그을린 색이 가운데에서 방사형으로 덮여있다.

주름은 백색이며 조밀하다.

몸체는 백색부터 담황색까지 있다.

◉ 쓴맛이 약간 있기는 하지만 맛있는 버섯이다. 이 버섯이 나오기 시작할 무렵이면 이미 스토브가 나와 있으므로 채집해서 난로에 구워 간장에 찍어 먹으면 약간 쓴맛이 있으면서 맛있다.

꽃흰목이

Tremella foliacea

〈식용버섯〉 ●●○ 맛있다.

여름부터 가을에 광엽수림에서 말라 죽은 나무나 생나무의 가지에 발생한다. 표고버섯이 끝난 나무에 나는 경우가 종종 있다.

전체의 크기는 8~15cm. 꽃잎모양의 갓이 여덟겹으로 핀 꽃처럼 되어 하나의 형태를 형성하고 있다. 살색이며 반투명한 젤라틴모양이다. 비오는 날이 계속되면 썩기 쉽고 건조한 날이 계속되면 말라서 검고 작게 되어 버린다.

일반적으로는 쉽게 발견할 수 있지만 이것만을 찾는 것도 대단한 일이다.

◉ 맛이나 향기의 이용가치가 그다지 있는 편은 아니지만, 뜨거운 물에 살짝 데쳐서 식초에 무치거나 스프의 재료로 사용하면 좋다.

그물버섯과
껄껄이그물버섯
Leccinum extremiorientale

〈식용버섯〉 ●●○ 맛있다.

여름이 끝날 무렵부터 졸참나무, 상수리나무 또는 낙엽송이 섞여 있는 광엽수림에 단생(單生)하는 대형 버섯이다. 갓의 툭툭 터진 모양은 한 번 보면 다시는 잊지 않을 정도이다.

갓은 직경 10~30cm, 황갈색이며 미세한 털에 덮여 있으며 젖으면 점성을 띤다. 유균(幼菌)은 갓에 주름이 잔뜩 있으며 생장하면 표피가 터져서 노란 육질이 보이기 시작한다.

관공(管孔)은 처음에 황색이다가 성숙하면 올리브색으로 된다.

몸체는 황갈색의 작은 인편이 붙어 있으며, 큰 것은 맥주병만한 굵기 정도까지 된다.

갓의 표면은 생장
하면 툭툭 갈라져
서 황색의 육질이
보인다.

몸체에는
황갈색의
가느다란
인편이 있
다.

⊙ 맛은 상당히 좋은데 언제나 많은 벌레가 들어가 있으므로 식욕을 돋굴만한 상태는 여간해서 되지 않는다. 벌레가 많아서 식용으로 하기 어려운 것은 염색용으로 하기 위하여 잘게 잘라서 건조보관한다.

광대버섯과

달걀버섯

Amanita hemibapha

〈식용버섯〉 ●●● 아주 맛있다.

 여름이 끝날 무렵부터 졸참나무, 메밀잣밤나무, 떡갈나무 등 광엽수림의 땅에 나는 대단히 예쁜 버섯이다. 처음 본사람은 독버섯이 아닌가 하고 생각하겠지만 사실은 대단히 맛있는 버섯이다. 유균(幼菌)은 백색의 외피막에 싸여 있으며 그 이름대로 계란모양을 하고 있다. 생장하면 계란모양의 끝이 깨지면서 홍등색의 갓이 나타난다. 갓의 직경은 6~15cm, 주위에는 명확한 줄이 나온다.

 주름은 황색, 몸체는 황색바탕에 등황색의 얼룩덜룩한 가로무늬 모양이 있으며 그 뿌리근처에는 하얀 덮개, 위쪽에는 등황색의 차양이 있다.

먹을 수 있는 버섯

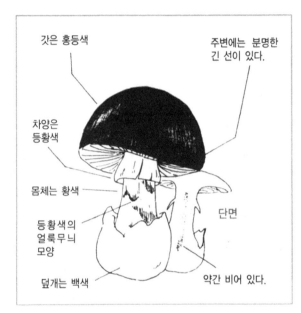

갓은 홍등색

주변에는 분명한
긴 선이 있다.

차양은
등황색

몸체는 황색

등황색의
얼룩무늬
모양

단면

덮개는 백색

약간 비어 있다.

◉ 맛이 대단히 좋은 버섯이며 버터튀김이나 포타주(스프 종류)에 적합하다.

무당버섯과

기와버섯

Russula virescens

〈식용버섯〉 ●●○ 맛있다.

늦여름부터 광엽수림의 땅에서 자라는 약간 변형된 색의 버섯
이다.

갓은 직경 4~17cm이며 만두모양이었다가 나중에 평평하게 펴져서
얕은 누두형(漏斗形)으로 된다.

표면은 외측에서 갈라지며 흰 바탕의 표피에 백록색의 모자이크 모
양이 있다. 오래 되면 새하얗게 된다.

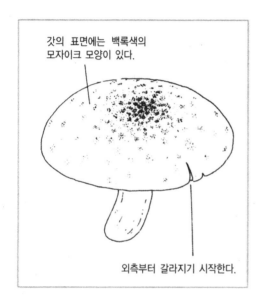

갓의 표면에는 백록색의
모자이크 모양이 있다.

외측부터 갈라지기 시작한다.

⊙ 먹을 수는 있지만 일반적으로 이 버섯은 씹히는 느낌이 나빠서 인기가 별로 없다.

이전에는 천연버섯이 이것밖에 없었으므로 데미그라소스로 고기와 함께 끓여 먹으면 맛있었다고 한다.

먹을 수 있는 버섯

송이과

팽나무버섯

Flammulina velutipes

〈식용버섯〉 ●●● 아주 맛있다.

늦가을부터 겨울에 걸쳐서 광엽수의 그루터기나 죽은 나무에 발생하는 대단히 맛이 좋은 버섯이다.

갓은 직경 3~8cm이며 점성이 있다. 색은 담갈색이며 주변의 색은 엷다.

주름은 백색이며 약간 엉성하다. 몸체는 3~10cm이며 황록색부터 다갈색까지 있다. 짧은 털에 덮여 있어서 빌로드 같은 상태이다.

눈 사이로 나와 있는 커다란 그루터기에 팽나무버섯이 무성하게 군생하고 있는 것을 발견한 적이 있다. 라면이나 된장국에 넣어서 맛있게 먹을 수 있다.

주름은 백색이며 약간 성기다.

몸체는 짧은
털로 덮여있고
빌로드 모양

단면

갓에는
점성이 있다.

이 버섯을 잘 기억해 두면 의외로 정원의 감나무에 생기거나 하는 경우가 있으므로 편리하다.

천연의 팽나무버섯은 재배품인 팽나무버섯과는 맛이 전혀 다르다. 곡 천연의 맛을 보기 바란다.

광대버섯과
우산버섯
Amanita vaginata

〈식용버섯〉 ●●○ 맛있다.

여름부터 가을에 광엽수림의 땅에 자란다. 우산버섯과 형태가 꼭 같은 스마트한 버섯이다.

갓은 직경 6~10cm이며 계란모양이다가 나중에 퍼져서 평평해진다. 색은 주황색부터 다갈색까지 있다. 주변에는 줄이 있다.

주름은 조밀하며 백색이다.

몸체는 길이가 8~15cm이며 뿌리쪽에 막질로 된 덮개가 있다. 색은 백색이지만 나중에 아주 엷은 갈색으로 된다.

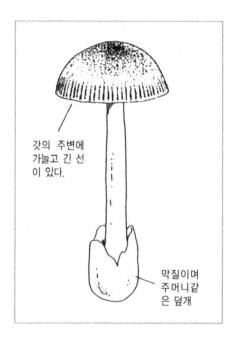

갓의 주변에
가늘고 긴 선
이 있다.

막질이며
주머니같
은 덮개

◉ 씹는 맛은 별로 없지만 먹을
수는 있다. 중화풍의 볶음요리
에 좋다. 다만 광대버섯류는
독버섯이 많으므로 주의해야
한다.

외대버섯과
외 대 덧 버 섯
Rhodophyllus crassipes

〈식용버섯〉 ●●○ 맛있다.

가을에 잡목림에서 자라는 약간은 대형 버섯이다. 갓은 직경 7~20cm이며, 원추형에서 나중에 삿갓 모양으로 펴진다.

표면은 매끈매끈하며 회갈색을 띠고 있으며, 하얀 견사모양의 섬유에 싸여 있다.

주름은 약간 엉성하며 백색이고 나중에 살색으로 된다. 몸체는 백색이며 길이 10~18cm의 맛있는 버섯이다.

◉ 눈으로 보는 것과는 달리 맛은 한가지인 버섯이다. 그대로는 먹기 어려우므로 데쳐내거나 소금에 절였다가 조리하면 무난하다. 그대로도 숯불이나 후라이팬에 구우면 쓴맛을 그다지 느끼지 못한다.

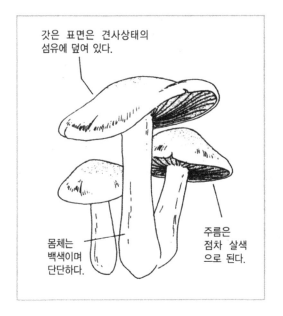

갓은 표면은 견사상태의
섬유에 덮여 있다.

몸체는
백색이며
단단하다.

주름은
점차 살색
으로 된다.

◉ 비슷한 부류에 독버섯
인 삿갓외대버섯이 있는
데 연중 중독되는 사람이
많으므로 각별이 주의하
기 바란다.

먹을 수 있는 버섯

굴뚝버섯과

능이(향버섯)

Sarcodon aspratus

〈식용버섯〉 ●●● 아주 맛있다.

송이버섯, 잎새버섯 등과 유명한 버섯이다. 가을의 광엽수 숲 속의
땅에서 자란다.

갓은 직경 10~20cm, 색은 처음에는 황갈색이다가 나중에 짙은 갈색
으로 된다. 뿔모양의 커다란 거스러미 상태의 인편에 덮여 있으며, 가
운데가 몸체의 속까지 움푹 들어가 있는 누두형(漏斗形)을 하고 있다.

갓의 안쪽은 작고 짧은 바늘모양이며 몸체의 뿌리쪽까지 이어져서
포도주색을 띤 갈색을 하고 있다.

몸체는 10~15cm이며 갓의 안쪽부터 그대로 이어져 있다.

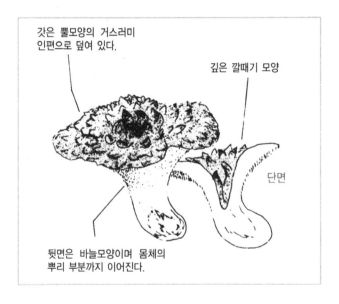

갓은 뿔모양의 거스러미
인편으로 덮여 있다.

깊은 깔때기 모양

단면

뒷면은 바늘모양이며 몸체의
뿌리 부분까지 이어진다.

◉ 맛과 향이 대단히 좋은 버섯이므로 채집하면 말려서 보관하였다가
버섯밥 등에 사용한다.

먹을 수 있는 버섯

끈적버섯과

노랑끈적버섯

Cortinarius tenuipes

〈식용버섯〉 ●●● 아주 맛있다.

가을에 광엽수림내의 땅에 발생한다.

갓은 직경 5~10cm. 환산형(丸山形)이다가 나중에 펴지며, 색은 황토색부터 황갈색까지 있다.

주름은 처음에 황백색이지만 나중에 녹색으로 되며 조밀하다. 몸체는 5~15cm이며 백색이다. 뿌리 가까운 쪽은 황갈색으로 된다. 굽어지는 경우가 많은 것 같다.

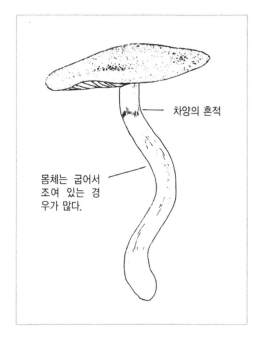

차양의 흔적

몸체는 굽어서
조여 있는 경
우가 많다.

몇 개에서 수십개가 모여 살며 이것이 줄지어 있는 것은 정말 보기 좋다. 점잖은 색이므로 발견하기 쉽고 잘 살피지 않으면 지나쳐 버린다. 한 포기를 발견하면 열을 지어 살고 있으므로 많이 채집할 수 있다.

⊙ 몸체는 씹히는 느낌도 좋고 맛있다.

광대버섯과

고동색우산버섯

Amanita vaginata fulva

〈식용버섯〉 ●●○ 맛있다.

여름부터 가을에 걸쳐 침엽수나 광엽수 숲안의 땅에 드문드문 발생
한다.

 갓은 직경 5~10cm. 처음에는 계란모양이지만 나중에 펴져서 평평해
지며, 회색부터 담회색까지 있다. 주변에는 방사선형의 줄이 있다.

 주름은 백색이며 약간 조밀하다. 몸체는 8~15cm이며, 백색부터 약
간 회색을 띤 것 까지 있다. 뿌리쪽에 자루모양의 덮개가 있다.

송이과

혼시메지

Lyophyllum shimeji

〈식용버섯〉 ●●● 아주 맛있다.

가을에 소나무와 광엽수가 섞여 있는 숲에 많이 발생한다. 갓은 직경 3~15cm, 환산형(丸山形)에서 나중에 평평하게 펴진다. 색은 담회갈색.

주름은 백색이며 조밀하다. 몸체는 밑으로 내려갈수록 굵어지며 뿌리 근처엣 여러개가 하나로 되어 포기상태를 이룬다.

지금은 호시메지도 적어져서 채집량이 그다지 많지 않지만 이름만큼은 알고 있는 사람이 많은 모양이다.

메밀잣밤나무, 떡갈나무 숲에서
채집할 수 있는 식용버섯

상록광엽수림, 소위 말하는 조엽수림이라 불리는 것인데, 지금까지 그다지 버섯 채집 대상으로 되어 있지 않았었다. 그러나 버섯의 종류는 대단히 많고 또 버드 워칭(bird watching)에도 가장 적합한 곳이라서 아주 즐거운 숲이다.

송이과

자주방망이버섯아재비
Lepista nuda

〈식용버섯〉 ●●● 아주 맛있다.

가을에 침엽수림 속이나 쑥, 얼룩조릿대 속 등 광범위하게 발생한다.
갓은 직경 5~12cm이며 만두모양이다가 나중에 평평하게 펴진다.

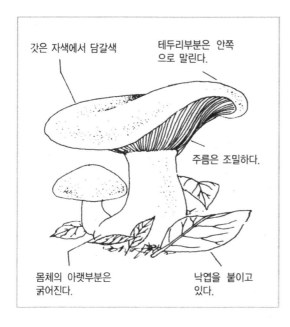

갓은 자색에서 담갈색

테두리부분은 안쪽으로 말린다.

주름은 조밀하다.

몸체의 아랫부분은 굵어진다.

낙엽을 붙이고 있다.

색은 자색에서 염자색까지 있는데 생장하면 염회자색으로 된다.

주름은 갓과 동색이며 조밀하다. 몸체도 갓과 동색이며 3~6cm.

페어리링을 형성하는 경우가 많으므로 하나를 발견하면 한 장소에서 많은 양을 수확할 수 있다. 다른 것에는 여간해서 볼 수 없는 예쁜 보라색이므로 발견하기도 쉽고 인기도 좋은 버섯이기도 하다.

먼지 냄새가 난다거나 흙냄새가 난다는 말을 자주 듣는다.

가을에 메밀잣나무 숲에서 페어리링을 형성하고 있는 커다란 자주방망이버섯아재비를 발견했는데 채집하기가 아까울 정도로 아름다웠다. 세어보았더니 유균만 해도 200개 이상이었다.

먹을 수 있는 버섯

광대버섯과

붉은점박이광대버섯

Amanita rubescens

〈식용버섯〉 ●●○ 맛있다.

가을에 소나무가 섞여 있는 광엽수림내의 땅에서 발생한다.

갓은 직경 6~15cm. 반구형이다가 나중에 주위가 뒤로 젖혀질 만큼까지 펴진다. 적갈색이며 회갈색의 돌기가 나 있다.

주름은 조밀하고 백색이며 나중에 적갈색의 좀이 나온다. 몸체는 갓보다 엷은색이며 뿌리쪽은 구근(球根)처럼 둥글다.

◉ 먹을 수 있지만 아주 비슷한 부류에 유독성인 마귀광대버섯이 있으므로 주의하기 바란다.

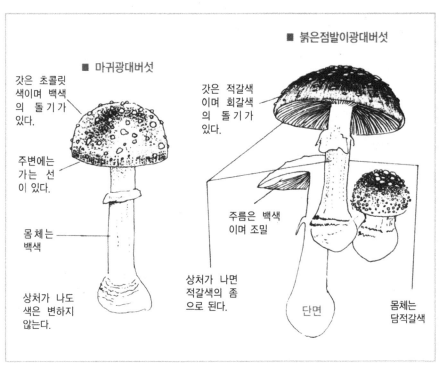

■ 붉은점발이광대버섯

■ 마귀광대버섯

갓은 초콜릿
색이며 백색
의 돌 기 가
있다.

주변에는
가는 선
이 있다.

몸 체 는
백색

상처가 나도
색은 변하지
않는다.

갓은 적갈색
이며 회갈색
의 돌 기 가
있다.

주름은 백색
이며 조밀

상처가 나면
적갈색의 좀
으로 된다.

단면

몸체는
담적갈색

〈 붉은점박이광대버섯과 마귀광대버섯의 비교 〉

귀신그물버섯과

귀신그물버섯

Strobilomyces floccopus

〈식용버섯〉 ●●○ 맛있다.

가을에 침엽수나 광엽수의 숲내 지상에 자란다. 보기드문 버섯은 아니지만 많은 양이 군생하는 것이 아니기 때문에 보고도 지나치기가 쉽다.

갓은 직경 3~10cm이며, 반구형에서 뒤에 평평하게 펴진다. 표면은 백색이며 끝만이 흑갈색의 커다란 인편에 덮여 있다.

관공(管孔)은 유균(幼菌)일 때에는 막에 덮여 있어 백색이지만 공기와 접촉하면 빨갛게 변색하여 나중에 검게 된다. 몸체는 5~12cm이며 갓과 마찬가지로 인편이 있다.

◉ 이 버섯만을 그렇게 많이 채집할 수 있는 경우도 없고 모습이나 형태를 보면 식욕이 일어나는 버섯은 아니지만 먹어 보면 냄새도 없고 의외로 맛있었다고 한다.

갓의 표면은 끝이 검은 인편에 덮여 있다.

몸체에도 같은 색의 작은 인편이 있다.

전나무, 솔송나무, 가문비나무 숲에서 채집할 수 있는 식용버섯

아고산대의 텐버라인이라 불리는 삼림한계선의 숲은 전나무, 솔송나무, 가문비나무 숲이 많아서 버섯팬에게는 동경의 숲이기도 하다. 일반적으로 잡초도 없고 폭신푹신하게 자란 이끼 위를 걷는 것은 즐거우며, 보기 드문 버섯도 있어서 지금이라도 요정이 나올 것 같은 곳이다.

구멍장이버섯과
덕다리버섯
Laetiporus sulphureus

〈식용버섯〉 ●●○ 맛있다.

여름부터 가을에 말라 죽은 나무나 쓰러진 나무에 발생한다.

갓은 30~50cm까지도 되며 불규칙한 반원형이고, 서로 겹쳐가면서 자란다. 전체적으로 선명한 주홍색인데 오래되면 새하얀 황색으로 된다.

관공(管孔)은 엷은 핑크에서 황색까지 있다. 주홍색인 송어의 고기색을 하고 있는 것에서 이 이름이 붙여졌다고 한다.

어리고 아직 부드러울 때에는 식용이 되지만 생장하면 딱딱해서 먹을 수 없다.

⊙ 얇게 잘라서 튀김을 한 적이 있는데 아무도 버섯이라는 것을 알지 못하고 닭의 가슴살이나 연어라는 등의 말을 했던 기억이 떠오른다. 버터에 볶아도 좋을 것이다.

고약버섯과
꽃송이버섯
Sparassis crispa

〈식용버섯〉 ●●○ 맛있다.

여름부터 가을에 침엽수의 뿌리근처나 잘려진 나무의 밑동에 나는 약간 변형된 모란채모양의 대형 버섯이다.

10~30cm 정도의 크기까지 되며, 꽃과 같이 전체가 꽃잎으로 하나의 덩어리를 이루고 있는 것 같다. 처음으로 산에서 발견하면 이것이 버섯이라는 생각이 들지 않을 정도다.

처음에는 크림색이지만 오래 되면 꽃잎의 끝부터 황갈색으로 변하기 시작한다.

◉ 특별히 맛있다고는 할 수 없지만 씹히는 느낌이 좋고, 살짝 뜨거운 물에 담그었다가 초에 무치거나 어묵이나 볶음 등 여러 가지 요리에 사용된다.

송이과
큰전나무버섯
Catathelasma imperiale

〈식용버섯〉 ●●● 아주 맛있다.

가을에 분비나무가 자라는 아고산대에 발생하는 대형 버섯이다.

갓은 직경 10~30cm이며 가운데 부근에 불명료한 인편이 있다. 테두리 부분은 처음에 안쪽으로 말리며, 표면은 지저분한 황갈색이다가 나중에 짙은 갈색으로 된다.

몸체는 윗부분이 아주 굵고 아래로 내려갈수록 가늘어지며 뿌리상태로 되어 땅속에 깊이 들어가 있다. 땅 속 깊은 곳에 균근 덩어리를 만들고 거기에다 균사다발을 내보내 버섯을 형성한다고 한다.

먹을 수 있는 버섯

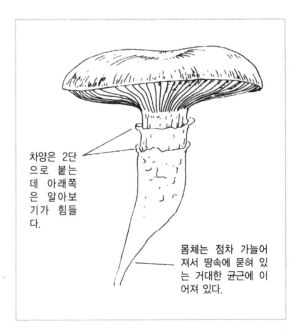

차양은 2단
으로 붙는
데 아래쪽
은 알아보
기가 힘들
다.

몸체는 점차 가늘어
져서 땅속에 묻혀 있
는 거대한 균근에 이
어져 있다.

◉ 맛은 쓰지만 씹는
느낌이 좋고 맛있는
버섯이다. 견고하고
큰 멋있는 버섯은 수
도 적고 소중히 여겨
진다.

무당버섯과
붉은젖버섯
Lactarius laeticolorus

〈식용버섯〉 ●●● 아주 맛있다.

가을에 전나무숲에서 난다.

갓은 직경 5~15cm이며 만두형이다가 나중에 퍼져서 얕은 누두형(漏斗形)으로 된다.

주름은 조밀하고 갓의 색보다 짙으며 상처를 입으면 붉은 색의 액체를 내보낸다.

몸체는 길이 3~10cm이며 가운데가 비어있다. 표면은 갓의 색과 같지만 달의 표면처럼 얕게 패인 분화구 같은 것이 있고 그 부분은 약간 짙은 색을 하고 있다.

먹을 수 있는 버섯

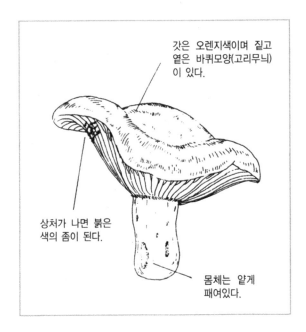

갓은 오렌지색이며 짙고
옅은 바퀴모양(고리무늬)
이 있다.

상처가 나면 붉은
색의 좀이 된다.

몸체는 얕게
패여있다.

⊙ 이 부류의 버섯은 전체적으로 씹히는 느낌은 좋지 않으나 옛날부터 젖버섯아재비와 나란히 맛있는 버섯으로 되어있다. 잘게 잘라서 오믈렛에 넣으면 맛있을 것이다.

끈적버섯과

큰솔송나무버섯
Cortinarius claricolor

〈식용버섯〉 ●●● 아주 맛있다.

가을에 솔송나무나 소나무 등 침엽수림의 땅에서 나는 단단한 버섯이다.

갓은 직경 5~15cm이며 만두모양이다가 나중에 평평하게 펴지며, 테두리부분은 오랫 동안 안쪽으로 말려 있다. 색은 옅은 갈색부터 등갈색까지 있다. 젖어 있을 때에는 점성이 있다.

주름은 초기에는 백색이지만 나중에 황토색으로 된다. 몸체는 길이 7~15cm이며 단단하고 백색이다. 같은 색의 얼룩덜룩한 가로무늬가 있는 것을 자주 볼 수 있다.

어릴 때에는 갓의 주변에 거미줄 같은 솜털이 붙어 있는 경우가 많은 것 같다.

먹을 수 있는 버섯

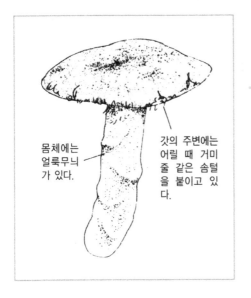

몸체에는
얼룩무늬
가 있다.

갓의 주변에는
어릴 때 거미
줄 같은 솜털
을 붙이고 있
다.

⊙ 버터에 튀기면 아주 맛있
는 버섯이다.

전나무 숲에서 50개 정도가
줄지어 있는 것을 발견한 적
이 있다. 흥분하여 채집에만
열중하다 보니 좋은 사진을
찍지 못하여 나중에 후회했던
것이 생각난다.

먹을 수 있는 버섯

귀신그물버섯과

큰나무오르기버섯

Boletellus mirabils

〈식용버섯〉○○○ 맛없다.

갓에는 황갈색의 얼룩무늬가 있다.

관공은 엷은 황색

몸체에는 세로의 긴그물코모양이 있다.

여름부터 가을에 침엽수림 땅에, 또 오래전에 잘린 나무의 그루터기에 발생하는 약간 대형의 그물버섯이다. 균근을 만드는 버섯인데 나무오르기버섯과 마찬가지로 썩은 나무의 밑동이나 쓰러진 나무에 발생하는 경우가 있기 때문에 붙여진 이름이다.

갓은 직경 5~15cm이며, 표면은 암갈색에서 암자색의 빌로드모양이다. 군데군데에 황갈색의 반점무늬가 있다. 관공(管孔)은 엷고 황색이고 나중에 올리브색으로 되며, 상처가 나면 겨자색으로 된다.

몸체는 10~15cm이며 그물코 모양이 있다.

깊은 산에서 나는 버섯이므로 찾아도 눈에 잘 띄지 않으며 비교적 희귀한 버섯이다.

116 알기쉬운 버섯백과

좀목이과
혓바늘목이
Pseudohydnum gelatinosum

〈식용버섯〉 ●●○ 맛있다.

여름부터 가을에 걸쳐서 침엽수의 잘린 나무 밑동이나 쓰러진 나무에 발생하는 목재부후균(木材腐朽菌)이다. 약간 변형된 버섯이며, 몸체가 거의 없고, 전체가 반투명한 젤라틴질이며 탄력이 있다.

갓은 3~7cm의 반원형이며 회갈색. 표면에는 미세한 털이 자라며 표면은 고양이의 혀처럼 바늘모양이며 백색이다.

⊙ 뜨거운 물에 살짝 담그었다가 삶은 완두콩에 무를 넣고 꿀을 친 음식이나 프루츠 펀치에 넣으면 좋을 것 같다.

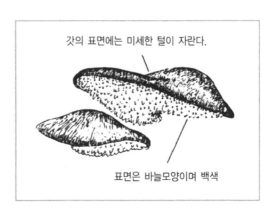

갓의 표면에는 미세한 털이 자란다.

표면은 바늘모양이며 백색

꾀꼬리버섯과
꾀꼬리버섯
Cantharellus cibarius

〈식용버섯〉 ●●● 아주 맛있다.

여름에 침엽수림에 많이 군생한다.

갓은 직경 3~10cm. 예쁜 황색에서 등황색까지 있다. 주름도 몸체도 같은 색이며 몸체의 길이는 5~12cm.

색이 깨끗하고 맛도 향기도 좋은데 어떤 이유인지 일부의 사람만이 좋아할 뿐, 일반인에게는 그다지 알려져 있지 않는 것 같다.

유럽에서는 아주 흔하게 진열되어 있다고 하며, 통조림이나 말린 것도 있다. 서양요리의 재료로서 지롤, 샹테렐이라는 이름으로 수입되고 있는 것 같다.

◉ 스파게티에 사용해도 대단히 맛있는 버섯이다.

싸리버섯과
싸리버섯
Ramaria botrytis

〈식용버섯〉 ●●● 아주 맛있다.

가을에 소나무 숲이나 전나무 숲에 발생하는 산호형태의 버섯이다. 전체의 크기는 10~20cm. 산호처럼 가지가 갈라져 있으며 꼭대기는 쥐의 다리처럼 작아져서 핑크색이 된다.

◉ 씹히는 맛이 좋아서 어떤 요리와도 어울린다. 병조림으로 하여 술안주나 반찬으로도 먹는다.

◉ 이 부류에는 중독되는 노랑싸리버섯, 붉은싸리버섯, 황금빛싸리버섯 등이 있다. 주의하기 바란다.

송이과

점박이애기버섯

Collybia maculata

〈식용버섯〉 ●●○ 맛있다.

여름부터 가을에 침엽수림에 페어리링을 형성하고 있는 것을 자주 발견한다.

갓은 직경 4~12cm이며 백색이다. 만두모양이다가 나중에 평평하게 퍼진다.

주름은 조밀하며 갓과 같은 색. 몸체는 3~15cm이며 갓과 같은 색.

갓이나 몸체에 적갈색의 좀이 피부의 모반 같이 나오기 때문에 이런 이름이 붙었다.

◉ 식용이 되기는 하지만 약간 쓴맛이 있으므로 한 번 데쳐낸 다음 요리하면 좋을 것이다.

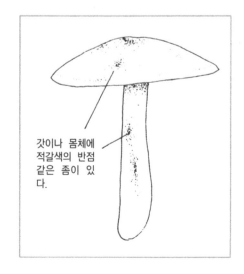

갓이나 몸체에 적갈색의 반점 같은 좀이 있다.

무당버섯과
청머루무당버섯
Russula delica

〈식용버섯〉 ●●○ 맛있다.

여름부터 가을에 침엽수림이나 광엽수림의 지상에 흩어져 살고 있다.

갓의 직경은 6~15cm이며 가운데가 패인 만두형에서 나중에 깊은 누두형(漏斗形)으로 된다. 표면은 백색이지만 나중에 오황색(汚黃色)으로 된다.

주름은 백색이며 수생(垂生)하고 있으며 약간 조밀하다. 몸체는 백색이고 2~5cm로 굵고 짧으며, 윗부분의 주름근처는 약간 청색을 띠며 세로로 찢어지지 않는다.

무당버섯科의 버섯에 상처를 입으면 유액이 나오는 배젖버섯속과 나오지 않는 무당버섯속이 있는데 청머루무당버섯은 나오지 않는 쪽의 부류이다.

◉ 식용으로 할 수 있지만 이 부류의 버섯은 퍼석퍼석하여 씹히는 느낌이 좋지않다.

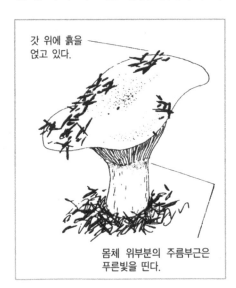

갓 위에 흙을 얹고 있다.

몸체 위부분의 주름부근은 푸른빛을 띤다.

자작나무 숲에서 채집할 수 있는 식용버섯

밝은 자작나무 숲의 고원을 단지 걷는 것만으로도 기분이 좋아진다.
자작나무 숲에는 뭐니뭐니해도 광대버섯이 잘 어울린다. 여름에 고원으로 가족
과 여행을 하고 있을 때 목적지도 없이 걸어보면 의외로 많은 버섯이 눈에 띈다.

끈적버섯과
칼첨자풍선버섯
Corutinarius armillatus

〈식용버섯〉 ○○○ 맛없다.

여름이 끝날 무렵부터 가을에 광엽수림의 땅에 군생한다.

갓은 5~12cm. 만두형에서 나중에 평평하게 퍼진다. 색은 적갈색부터 계수나무색까지 있다.

주름은 엷은 계수나무색에서 수갈색(銹褐色)으로 되며 약간 듬성듬성하다. 몸체는 엷은 차색이며 뿌리쪽이 약간 굵고 가운데 부분에 있는 붉은색 차양의 흔적이 특징이다.

먹을 수 있는 버섯

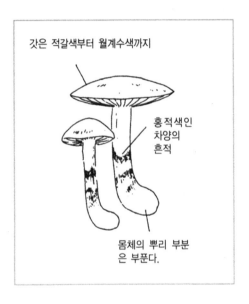

갓은 적갈색부터 월계수색까지

홍적색인
차양의
흔적

몸체의 뿌리 부분
은 부푼다.

⊙ 먹을 수는 있지만 언제 가더라도 그 자리에 있는 것을 보면 그다지 인기가 없는 모양이다. 씹히는 맛이 나쁘고 가루 썩은 냄새가 나는 느낌이다.

그물버섯과
금빛갈색거친껄껄이그물버섯
Leccinum testaceoscabrum

〈**식용버섯**〉 ●●● 아주 맛있다.

여름부터 가을에 걸쳐 아고산대의 광염수림에 드문드문 나 있는 약간은 대형 버섯이다.

갓은 직경 5~20cm이며, 표면은 황토색부터 황갈색까지 있으며 솜털로 덮여 있다. 처음에는 반구형이다가 나중에 평평하게 퍼진다. 갓의 육질은 백색이지만 공기에 닿으면 회색으로 변한다.

관공(管孔)은 탁한 백색, 몸체는 밑으로 갈수록 굵어지며, 탁한 백색이며 좁쌀같은 모양의 검은 거스러미조각이 있다.

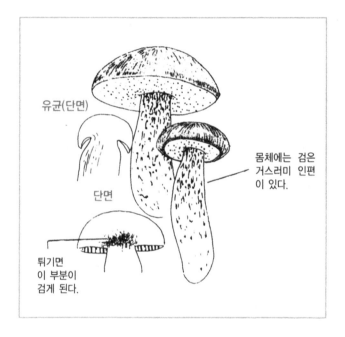

유균(단면)

단면

몸체에는 검은
거스러미 인편
이 있다.

튀기면
이 부분이
검게 된다.

◉ 맛은 특별하지 않고 갓은 튀김이나 포타주(스프)에 이용하고 몸체
는 둥글게 잘라서 조개관자풍인 버터튀김으로 하면 맛있다.

 이 버섯의 특징은 갓 부분을 튀겨서 반으로 잘라 보면 갓과 몸체가
갈라지는 부분만이 새까맣게 된다.

그물버섯과
거친껄껄이그물버섯
Leccinum scabrum

〈식용버섯〉 ●●○ 맛있다.

여름이 끝날 무렵에 흰 자작나무 숲을 걸으면 자주 발견된다.

갓은 5~20cm이며 반구형을 하고 있다. 색은 회갈색.

관공(管孔)은 위로 올라가 있으며 담황회색이다.

검은 거스러미조각으로 덮여있는 것이 특징이다. 자작나무의 뿌리와 공동생활하고 있다고 한다.

이 버섯부류는 종류가 대단히 많은 것 같다. 상처가 나면 파랗게 색이 변하는 것, 변하지 않는 것, 검게 되는 것 등, 일일이 도감을 조사해 보아도 알 수 없는 것이 수없이 많다. 그물버섯을 좋아하는 사람들도 이 버섯은 별로 채집하지 않는 것 같으며 사람이 지나갔는데도 그대로 있다. 또 밝은 자작나무 숲을 잘 보고 있으면 등산로를 따라서도 꽤 있다. 다만 벌레먹은 것이 많아서 아쉽다.

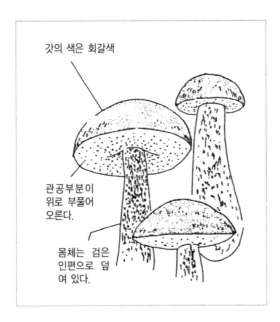

갓의 색은 회갈색

관공부분이
위로 부풀어
오른다.

몸체는 검은
인편으로 덮
여 있다.

◉ 몸체는 버터로 볶고
갓은 튀김이나 스프에
사용한다. 국으로 끓이
거나 하면 갓부분이 흩
어져서 그다지 보기에
좋지 않다.

무당버섯과

큰붉은젖버섯

Lactarius torminosus

〈식용버섯〉 ○○○ 맛없다

여름이 끝날 무렵에 자작나무 숲에 나는 버섯이며 맛은 매워서 일반적으로는 식용의 대상이 되어 있지 않다.

갓은 직경 4~15cm의 가운데가 움푹 패인 만두 모양이다가 나중에 펴져서 얕은 깔때기 모양으로 된다. 색은 적갈색이며 짙고 옅은 고리모양 무늬가 있고 주위에 솜같은 연모가 붙어 있다.

주름은 백색이며 상처를 입으면 하얀 유액을 내보내며, 핥아보면 펄쩍 뛸 만큼 맵지만 독은 아니다.

◉ 그대로는 매우므로 데쳐서 3개월 이상 소금에 절였다가 먹는데 그다지 맛있지는 않다.

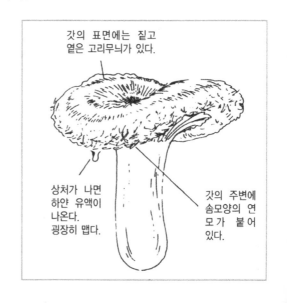

갓의 표면에는 짙고 옅은 고리무늬가 있다.

상처가 나면 하얀 유액이 나온다. 굉장히 맵다.

갓의 주변에 솜모양의 연모가 붙어 있다.

■ 삼목, 노송나무 숲에서
채집할 수 있는 식용버섯

삼목이나 노송나무의 숲에는 항균성이 있으며, 표고버섯 재배 등에 이용하면 해로운 균에 침범당하지 않는다고 한다. 그래서 그만큼 버섯의 종류도 적다고 한다. 이곳은 삼림욕하기에는 대단히 좋다.

송이과
삼나무가지버섯
Strobilurus ohshimae

〈**식용버섯**〉 ●●○ 맛있다.

가을부터 초겨울에 걸쳐 삼목림에 듬성듬성 자란다.

갓은 직경 2~4cm. 거의 평평하며 엷은 육질이다. 색은 회백색, 중앙은 암갈색이다.

주름은 백색이며 조밀하다. 몸체는 4~7cm, 가늘지만 튼튼한 연골질이며 속은 비어 있다. 색은 담황갈색.

◉ 먹을 수 있다고 하지만 대부분의 사람들이 아직 먹어 본 적이 없을 것이다.

과수원, 밭 등에서 채집할 수 있는 식용버섯

대밭에는 장마기부터 가을에 걸쳐서 대표적이 분홍망태버섯이 나온다.
대밭 안에 있는 버드나무 등도 대나무의 세력에 눌려서 약하며, 팽나무버섯과 산느타리도 난다. 또 과수원에도 봄에 방패외대버섯이라고 하는 맛있는 버섯이 나온다. 이렇게 주변의 가까운 장소도 다시 걸어보면 즐거울 것이다.

곰보버섯과

곰보버섯

Morchella esculenta

〈식용버섯〉 ●●● 아주 맛있다.

봄에 공원이나 학교의 운동장, 광엽수림 안의 지상 등에 발생한다. 또 유기질이 잔뜩 들어 있는 밭에서도 난다.

전체의 높이는 5~10cm 정도이며, 색은 황갈색에서 다갈색까지 있다. 벌집모양으로 된다.

우리나라에서는 별로 먹는데 익숙해져 있지 않은 것 같은데 프랑스에서는 모리유, 모레루 등이라 불리며 요리에 없어서는 안 되는 버섯이다.

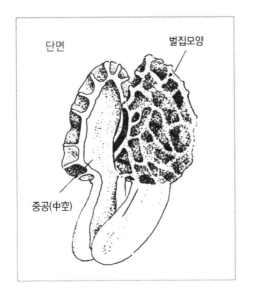

단면

벌집모양

중공(中空)

⊙ 삶아서 조리한 음식에 이 곰보버섯이 사용되고 있는데 아주 맛있게 먹은 적이 있다.

건조시켜 들여온 수입품이 시판되고 있지만 값이 비싼 버섯이다.

주름버섯과
갓버섯
Macrolepiota procera

〈식용버섯〉 ●●● 아주 맛있다.

여름이 끝날 무렵부터 목장의 초지 등에 생기는 대형 버섯이며 갓의 직경이 30cm 정도로 되는 것도 드문 일이 아니다.

갓은 반구형에서 거의 평평하게 퍼지며, 표면에는 담갈색바탕에 회갈색의 인편이 있다.

주름은 백색이며 조밀하다. 몸체는 길어서 40cm에 달하는 것도 있다. 파라솔이 슈롬이라고도 불리다.

◉ 갓은 튀김 등으로 하는데 몸체는 딱딱하므로 볶음 등에 사용하는 것이 좋을 것 같다.

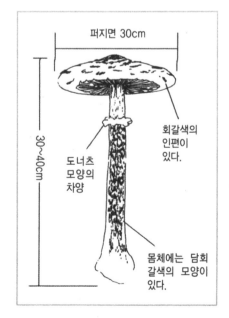

퍼지면 30cm

30~40cm

회갈색의 인편이 있다.

도너츠 모양의 차양

몸체에는 담회갈색의 모양이 있다.

송이과
자주방망이버섯아재비
Lepista sordida

〈식용버섯〉 ●●○ 맛있다.

장마때부터 늦가을에
걸쳐서 밭, 잔디밭, 초지,
길가 등에 발생한다.

　갓은 직경 3~10cm이
며, 성숙하면 둘레부분이 파도처럼 되는 경우가 많고, 색은 담자색에
서 담회갈색으로 된다.

　무농약재배를 하면 밭에 많은 버섯이 나오게 된다고 한다. 그 중에도
이 자주방망이버섯아재비는 많이 나온다. 기간도 길기 때문에 대단히
소중히 여기고 있다.

◉ 살짝 데쳐서 샐러드에 올리고 드레싱하여 먹는다.

먹을 수 있는 버섯

주름버섯과

턱받이금버섯
Phaeolepiota aurea

〈식용버섯〉 ●●○ 맛있다.

황금색의 아름다운 버
섯이며, 가을에 초지나
숲에 난 길가, 논두렁길,
정원 등에 발생한다.

갓은 직경 5~15cm이
며, 처음에는 반구형이지
만 점차 퍼져서 평평해진
다. 표면은 황토색에서
황금색의 콩가루 같은 가
루에 덮여 있다.

주름은 황백색부터 황갈
색까지 있으며 조밀하다. 처음에는 갓과 같은 색의 막에 싸여 있는데
갓이 펴지면 막은 터져서 차양이 되어 남는다. 몸체도 갓과 같은 색이
며 10~18cm이다. 나쁘다고는 생각하지만 숲길에서 방뇨하는 장소에
나기 쉬운 것 같다.

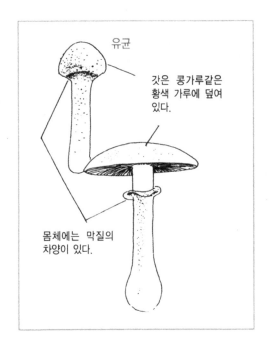

유균

갓은 콩가루같은 황색 가루에 덮여 있다.

몸체에는 막질의 차양이 있다.

⊙ 사람에 따라서는 땀냄새나 암내가 난다고 하는 사람도 있는데 그대로 구워도 충분히 맛있는 버섯이다. 지나치게 많이 먹으면 소화불량을 일으켜서 설사를 하는 수도 있으므로 너무 많이 먹지 않도록 한다.

먹물버섯과
먹물버섯
Coprinus comatus

〈식용버섯〉●●○ 맛있다.

여름부터 가을에 걸쳐 밭이나 공원 등에 자주 난다.

갓은 직경 3~5cm. 처음에는 원추형이다가 나중에 종모양으로 되며, 전체적으로 거스러미가 있는 백색을 하고 있다. 유균(幼菌)일 때에는 희어서 화이트 아스파라거스(백합과의 다년초)와 같다. 식용으로 으로 할 수 있는 것은 어릴 때 뿐이며, 생장하여 종모용으로 될 무렵이면 갓의 테두리 부분부터 녹기 시작하여 결국에는 전체가 새까맣게 되어 액체상태로 된다.

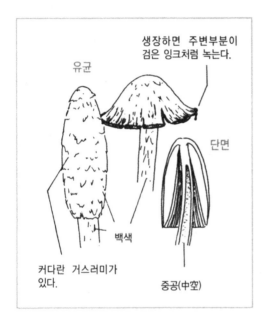

생장하면 주변부분이
검은 잉크처럼 녹는다.

유균

단면

백색

커다란 거스러미가
있다.

중공(中空)

⊙ 맛이 좋으며, 좋아하는 사람은 매일 아침 공원에 채집하러 간다. 데쳐서 마요네즈와 함께 먹으면 맛있다.

외대버섯과

방패외대버섯

Rhodophyllus clypeatus

〈식용버섯〉 ●●● 아주 맛있다.

봄(4월~5월경)에 과수원의 사과, 배, 복숭아, 매실 등 장미과 식물의 주변에 발생한다.

갓은 5~10cm이며, 회백색부터 회갈색까지 이다. 만두모양에서 나중에 중간높이로 평평해진다.

주름은 백색이다가 핑크색으로 되며 끝에는 고기색으로 된다. 몸체는 4~10cm로 백색에서 회백색까지 있으며 견고하다.

◉ 천연버섯이 적은 시기에 난다는 점과 맛도 나쁘지 않으므로 귀하게 여기지만, 최근에 과수원이 농약이 심해서 멀리하는 경향이 있다.

먹물버섯과

두엄먹물버섯

Coprinus atramentarius

〈식용버섯〉 ○○○ 맛없다.

퇴비를 쌓아 높은 밭에 군생한다.

갓은 회갈색이며 처음에는 계란모양, 나중에 종모양에서 삿갓모양으로 된다. 직경은 3~8cm.

몸체는 5~15cm 이며 백색이다. 하룻밤에 잉크와 같이 까맣게 녹아버리므로 이 이름이 붙었다.

◉ 유균(幼菌)을 식용으로 사용할 수 있는데 먹기 전후에 술을 마시면 식중독을 일으킨다.

어떤 사람이 재미로 술과 함께 먹었는데 일주일 동안 술을 마시면 울렁거려서 몸안이 심장처럼 두근두근거렸다고 한다.

송이과
큰졸각버섯
Laccaria bicolor

〈식용버섯〉 ●●○ 맛있다.

여름부터 가을에 잔디나 초지, 숲에 난다.

갓은 직경 3~6cm, 만두 모양이다가 평평하게 펴지며 가운데가 약간 패인다. 색은 황갈색을 띤 고기색이다.

주름은 고기색인데 약간 자색을 띠며, 조금 엉성하다. 몸체는 8~12cm이며 갓과 같은 색. 섬유질로 단단하다. 비교적 자주 발견되는 버섯이지만 일반적으로 식용으로 사용되지 않는 것 같다.

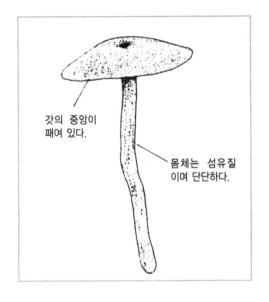

갓의 중앙이
패여 있다.

몸체는 섬유질
이며 단단하다.

◉독은 없으므로 먹어도 상
관없다. 얄팍함에 비하면 씹
히는 느낌이 좋은 버섯이다.
**다시마와 함께 조리면 맛있
게 먹을 수 있다.**

식용으로 적합합지 않은 버섯

- 버섯채집할 때 자주 볼 수 있다.
- 먹을 수 있는 버섯과 비슷하다.

이 책에서는 먹을 수 있는 버섯과는 별도로 식용으로 적합하지 않은 버섯을 구별하여 게재하였다. 이들 버섯 중에는 먹을 수 있는 버섯과 아주 비슷한 버섯, 자주 발견되나 매워서 먹을 수 없는 것, 그 외에 염색에 사용할 수 있는 것, 모양이 변한 것 등을 소개하고 있다.

끈적버섯과
전나무끈적버섯
Dermocybe sanguinea

여름부터 가을에 솔송나무나 가문비나무 숲내의 땅이나 오래된 나무의 잘린 밑동, 쓰러진 나무에도 발생한다.

갓은 직경 3~5cm이며, 평평한 만두형에서 나중에 평평하게 퍼진다. 색은 암적색이다.

먹을 수 없는 버섯

 주름은 처음에 갓과 같은 색인데 점차로 녹갈색으로 변한다. 육질을 부수면 빨간 즙이 스며 나온다. 몸체는 갓과 동색이며 3~5cm.

◉ 그렇게 많이 채집할 수 있는 것도 아니며 식용으로 되어 있지도 않다. 독성은 없는 것 같다.
 이와 같이 먹는 용도외에도 다른 이용법을 발견하면 버섯을 조사하는 것이 한층 즐거워진다.

송이과

흰주름깔때기버섯

Lyophyllum connatum

가을에 광엽수림, 삼목림, 초지, 길가 등 비교적 장소를 가리지 않고 자라며 군생한다.

청초한 백색을 하고 있으며 갓은 직경 3~12cm의 환산형(丸山形)인데 표면에는 같은 색의 고리 모양의 무늬가 있다.

주름은 백색이며 조밀하다. 몸체는 백색이며 길고 8~15cm의 팔등신미인이다.

◉ 맛도 냄새도 그다지 좋지 않다. 일단은 무독이라고 되어 있지만 비슷한 버섯이 있으므로 무리하게 먹지 않는 편이 좋다.

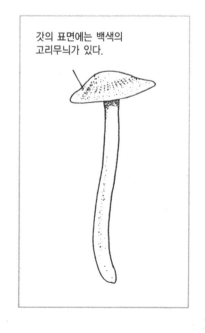

갓의 표면에는 백색의 고리무늬가 있다.

무당버섯과
굴털이
Lactarius piperatus

버섯채집에 나서면 반드시 만나는 희고 비교적 큰 버섯이다.

갓은 직경 4~20cm이며, 가운데가 패인 만두 모양이다가 나중에 펴져서 깔때기 모양으로 된다. 갓에 부식토를 올려 놓은 채 흙에서 나온다.

상처를 내면 하얀 유액이 뚝뚝 떨어지며 이것을 핥으면 너무 써서 펄쩍 뛸 정도이다.

◉ 현재로서는 독성은 없다고 하는데 식용으로 하고 있는 사람은 적은 것 같다.

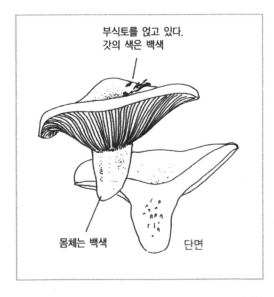

부식토를 얹고 있다.
갓의 색은 백색

몸체는 백색   단면

굴뚝버섯과

케로우지

Sarcodon scabrosus

가을에 소나무, 흑송, 솔송나무 숲의 땅에 난다.

갓은 직경 5~10cm. 유균(幼菌)일 때는 환산형(丸山形)이며 나중에 펴지고 가운데가 약간 패인다. 원형으로 되기는 어려우며, 커피색부터 자갈색을 띤 것까지 있다. 갓의 뒷면은 가늘고 짧은 바늘모양이며 회갈색이다. 몸체는 갓과 동색이며 뿌리근처가 검게 된다. 또 갓의 표면은 점차 툭툭 갈라져서 거스러미 모양의 인편으로 되며 처음 보면 향버섯과 비슷한데 향버섯의 인편은 크고 또 유균에도 가운데도 크게 패였기 때문에 쉽게 구별할 수 있다.

송이버섯산에 난다. 이것이 나오기 시작하면 점점 송이버섯을 딸 수 없게 된다고 한다. 송이버섯과 향버섯으로 잘못 보는 경우가 있는데 이것만은 써서 먹을 수 없기 때문에 아무 소용이 없다. 염색에 이용하는 것을 여러모로 연구하고 있는 것 같다.

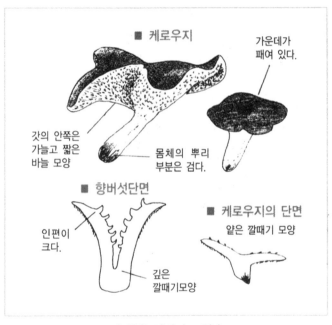

케로우지

가운데가 패여 있다.

갓의 안쪽은 가늘고 짧은 바늘 모양

몸체의 뿌리 부분은 검다.

향버섯단면

인편이 크다.

깊은 깔때기모양

케로우지의 단면

얕은 깔때기 모양

〈 얕은 깔때기 모양 〉

먹을 수 없는 버섯

무당버섯과

냄새무당버섯

Russulo emetica

여름이 끝날 무렵부터 광엽수림에 듬성듬성 자라는 상당히 귀여운 버섯이다. 독이 있는 **빨간** 버섯이라고 하지만 독성은 없다고 한다.

갓은 직경 3~10cm이며 환산형(丸山形)에서 나중에 펴져서 평평해진다. 색은 아름다운 선홍색인데 오래 되면 퇴색하여 하얗게 된다.

주름은 백색이며 조밀하다. 몸체는 3~8cm이며 백색이다. 세로로 찢을 수가 없으며 딱 부러진다.

◉ 매워서 일반적으로는 먹을 수 없다.

이 버섯의 부류는 수가 많고 아직 알려지지 않은 것도 많다. 먹을 수 있는 것도 몇 개는 있지만 전체적으로 이 부류는 씹히는 느낌이 나쁘고 퍼석퍼석한 것이 많은 것 같다. 또 색채도 선명하지 않은 것이 많으며, 색이나 외관만으로는 구별이 불가능한 경우도 있고, 꽤 상세히 알고 있는 사람도 쉽게 손을 뻗지 못하는 것 같다.

먹을 수 없는 버섯

무당버섯과

황회갈색배젖버섯

Lactarius acris

여름부터 가을에 광엽수림의 땅에 발생한다.

갓은 직경 3~6cm. 만두모양에서 나중에 평평하게 펴지며 가운데가 약간 패인다. 색은 황회갈색.

주름은 백색이며 조밀하다. 상처가 나면 빨갛게 된다. 몸통은 백색에서 황회갈색까지 있다.

◉ 독성은 없지만, 매운 맛이 강하므로 식용으로 적합하지 않다.

끈적버섯과

노란털돌버섯

Descolea flavoannulata

침엽수림이나 광엽수림에서 가끔 볼 수 있는 그다지 눈에 띄지 않는 버섯이다.

갓은 직경 3~8cm, 표면은 황토색에서 암갈색까지 있으며 방사형의 주름이 있으며, 누르스름한 외피막의 파편이 붙어 있는 경우가 많은 것 같다.

주름은 황갈색을 띠며 약간 성기다. 몸체는 길이 6~10cm이며, 윗부분에는 분명한 차양이 있다.

먹을 수 없는 버섯

방사형의
주름이 있다.

황색의
외피막
파편이
붙어 있는
것이 많다.

분명한 차양이 있다.

⊙ 일반적으로는 식욕을 불러
일으키는 것도 아니며, 비교
적 희귀해서 채집할 수 없기
때문에 식용대상은 되어 있지
않다.

그물버섯과

노란길민그물버섯

Phylloporus bellus

여름부터 가을까지 메밀잣밤나무나 떡갈나무 숲에서 발생한다. 소나무나 졸참나무가 있는 공원에서도 자주 발견된다.

갓은 직경 4~10cm이며, 만두모양에서 나중에 평평하게 펴져서 거의 역원추형으로 된다. 표면은 올리브갈색이며 빌로드모양이다. 주름은 황색에서 황갈색으로 되며 몸체에 크게 수생(垂生)하고 있다.

⊙ 지금까지 식용으로 되어 왔는데 사람에 따라서는 구토를 불러 일으키거나 하므로 먹지 않는 편이 무난하다.

말뚝버섯과

분홍망태버섯
Dictyophora indusiata

이것이 버섯? 하고 생각할 정도로 아름다운 버섯이다. 레이스 스커트를 너풀너풀 펼친 모습은 역시 버섯의 여왕이라는 느낌이 든다. 탁구공보다 약간 큰 듯한 말랑말랑한 계란모양의 구멍에서 나온다.

장마 무렵 대나무 숲에서 나는 버섯이므로 완전히 펴지고 나서의 시간은 그다지 길지 않아서 아름다운 상태를 보기는 드물다.

중국에서는 고급 스프의 재료로 스는 모양인데 그 냄새는 표현하기 어려울 정도로 지독하며, 단지 걷고 있기만 해도 이 근처에 분홍망태버섯이 있는 것을 금방 알 수 있다.

⊙ 식용대상으로 되어 있지 않다. 말린 수입품이 시판되고 있어서 중화요리점에서는 이 버섯을 사용하고 있는 것 같다.

송이과

쥐버섯

Tricholoma virgatum

가을에 전나무나 솔송
나무, 소나무 숲, 또는 광
엽수림에서도 생긴다.
갓은 직경 3~8cm. 처
음에는 원추형이며 펴져
도 가운데의 돌기는 남는
다. 색은 은회색인데 가
운데는 짙다.

주름은 백색이며 조밀하다. 몸체는 백색부터 회백색까지 있다. 아래
로 갈수록 굵어지며 세로로 찢어지지만 부서지기 쉽다.

먹을 수 없는 버섯

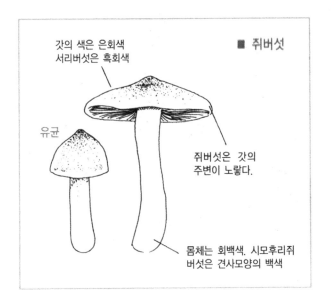

갓의 색은 은회색
서리버섯은 흑회색

■ 쥐버섯

유균

쥐버섯은 갓의
주변이 노랗다.

몸체는 회백색. 시모후리쥐
버섯은 견사모양의 백색

◉ 매운맛과 쓴맛이 있어서 식용이 되지 못한다. 또 최근의 도감에는 유독성이라고 되어 있는 것도 있다. 식용인 서리버섯과 아주 비슷해서 착각하는 사람도 많은 것 같다. 혼동이 될 때는 버섯의 파편을 씹어서 맛으로 판단한다. 독버섯이라 해도 씹어 보는 정도는 괜찮다.

무당버섯과

깔때기무당버섯

Russula foetcns

여름이 끝날 무렵에 광엽수림내의 지상에 군생한다.

갓은 직경 4~10cm. 만두모양에서 나중에 평평하게 펴지며 가운데가 약간 패인다. 탁한 황토색이며, 젖어 있을 때에는 점성이 있다. 주변에는 입상선(粒狀線)이 있다.

주름은 백색이며 갈색의 좀이 나 있다. 몸체는 5~15cm이며 부서지기 쉽고 탁한 백색이다.

◉ 매운 맛과 악취가 나서 먹을 수 없다.

갓의 주변부에는 입상선이 있다.

그물버섯과
매운그물버섯
Chalciporus piperatus

여름부터 가을에 침엽수림이나 광엽수림의 땅에서 난다.

갓은 직경 2~6cm. 월계수색.

관공(管孔)은 등갈색을 띤다. 몸체는 4~10cm이며, 뿌리쪽은 선황색이다.

◉ 매운 맛이 강해서 식용은 안 된다. 황소비단그물버섯과 비슷하지만, 매운그물버섯은 뿌리쪽이 선황색이므로 구별이 가능하다.

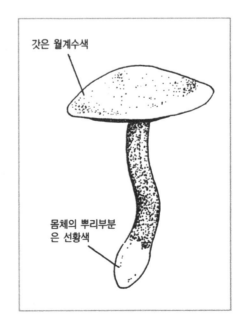

갓은 월계수색

몸체의 뿌리부분은 선황색

part 3

Mushroom

독버섯

주의해야 할 독버섯

– 혼동되면 먹지 말 것

광대버섯과

독우산광대버섯

Amanita virosa

여름부터 가을에 각종 침엽수림이나 광엽수림 내의 지상에 발생한다.

갓은 직경 5~15cm이며 청초한 백색. 처음에는 계란형이다가 나중에 거의 평평하게 펴지며, 축축할 때에는 아주 약간 점성이 있다.

주름은 백색이며 조밀하다. 몸체는 백색이며 같은 색인 거스러미모양의 얼룩무늬가 있다. 막질의 차양이 있으며, 뿌리쪽은 구근처럼 부풀어서 막질의 자루모양의 덮개 같은 것이 붙어 있다.

◉ 외국에서는 데스트로잉 엔젤(죽음의 천사)이라는 닉네임이 있을 정도로 무서운 버섯이다. 만약 먹는다면 비록 하나라도 틀림없이 사

망한다. 그것도 1주일이나 10일 정도 앓고 나서 손톱사이에서 피가 나올 정도의 고통으로 쥐어 뜯고 나서 죽는 잔혹한 버섯이다.

이외에 3대 맹독버섯이라 불리는 버섯에 알광대버섯, 흰알광대버섯이 있으며, 증상은 거의 비슷하고 하나라도 확실하게 사망한다고 한다.

아쉽게도 독우산광대버섯이외의 다른 두 개의 독버섯은 그다지 보기 어렵다.

여러 버섯 중에도 정말 알광대버섯인가 흰알광대버섯인하는 의심이 가는 점이 많은 모양이다. 외국의 도감에 의하면 이 세 개의 버섯은 모두 생김새가 비슷하다고 한다. 아무튼 이 3대 맹독버섯의 가장 큰 특징은 몸체에 차양이 있고 뿌리쪽은 구근모양으로 부풀어 있으며, 막질의 자루모양의 덮개 같은 것이 있는 버섯은 경계하지 않으면 안 된다.

이런 이유에서 독우산광대버섯의 사진이외에 알광대버섯과 흰알광대버섯에 대하여는 자신이 있는 사진이 없어서 삽화로 설명하고자 한다.

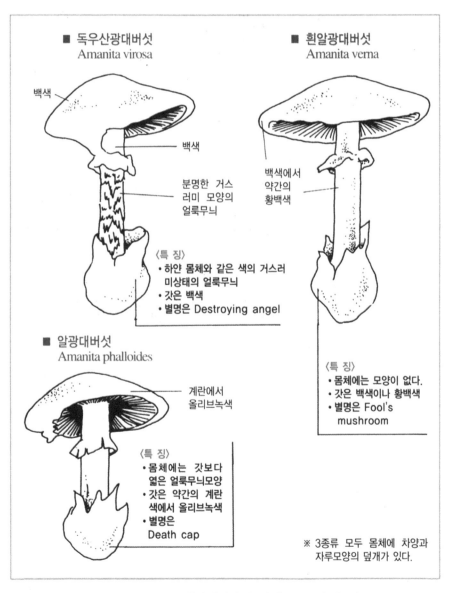

■ 독우산광대버섯
Amanita virosa

백색

백색

분명한 거스
러미 모양의
얼룩무늬

〈특 징〉
• 하얀 몸체와 같은 색의 거스러
  미상태의 얼룩무늬
• 갓은 백색
• 별명은 Destroying angel

■ 흰알광대버섯
Amanita verna

백색에서
약간의
황백색

〈특 징〉
• 몸체에는 모양이 없다.
• 갓은 백색이나 황백색
• 별명은 Fool's
  mushroom

■ 알광대버섯
Amanita phalloides

계란에서
올리브녹색

〈특 징〉
• 몸체에는 갓보다
  엷은 얼룩무늬모양
• 갓은 약간의 계란
  색에서 올리브녹색
• 별명은
  Death cap

※ 3종류 모두 몸체에 차양과
  자루모양의 덮개가 있다.

〈 독우산광대버섯, 흰알광대버섯, 알광대버섯의 비교 〉

송이과
화경버섯
Lampteromyces japonicus

여름부터 가을에 쓰러지거나 말라 죽은 너도밤나무에 서로 겹치듯
이 자란다.

갓은 직경 10~20cm이며 반원형에서 부채모양까지 있다. 색은 자갈
색부터 암갈색까지 있으며, 같은 색의 짙은 좀이 있는 경우가 많은 것
같다.

주름은 백색이며 조밀하다. 어두운 곳에 두면 반딧불처럼 파르스름
하게 빛난다. 몸체는 갓의 한편에 붙어 있으며 짧고 1~3cm이다. 찢
어보면 뿌리쪽에 독특한 검은 좀이 있다.

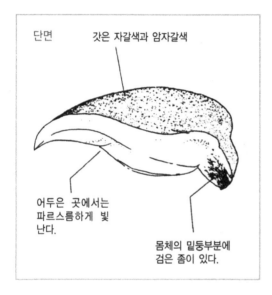

단면

갓은 자갈색과 암자갈색

어두은 곳에서는
파르스름하게 빛
난다.

몸체의 밑둥부분에
검은 좀이 있다.

◉ 사망할 만큼 독성이 있지는 않은 것 같지만 매년 중독되는 사람이 끊이지 않으며, 담갈색송이, 삿갓외대버섯과 나란히 3대 버섯중독이라고 불리고 있다.

식용인 늦은호엔부엘버섯과 비슷하므로 주의해야 한다.

외대버섯과

삿갓외대버섯

Rhodophyllus rhodopolius

가을에 광엽수림이나 소나무가 혼생하는 숲이 땅에 군생한다.

갓은 직경 3~7cm이며 회갈색, 말라 있을 때에 는 비단 같은 광택이 있 으며, 젖어 있을 때에는 납제품 같은 색이다.

주름은 백색에서 점차 살색으로 되며, 몸통은 가늘고 길며 속이 비어 있으며 부서지기 쉽고 잘

라지기 쉬운 것이 특징이다.

아주 비슷한 버섯에 식용인 외대덧버섯이 있다. 이 두 종류는 외관이 닮아 있을 뿐 아니라 자라는 장소도 비슷하다. 한 번이나 두 번 정도 보아서는 도저히 구별하지 못한다. 더구나 설명을 듣는다거나 책을 보는 것만으로 판단하기는 불가능하다. 몇 번이라도 보고 또 보고 하 여 기억하기 바란다.

보고 구분이 충분히 될 때까지는 절대로 먹지 않는다.

갓은 젖어 있을 때에는
납세공품과 같다.

주름은
살색

※ 전체적으로 연약하고 작다.

⊙ 먹어도 생명에 지장은
없지만 심한 구토와 설사
를 일으킨다.

송이과

담갈색송이

Tricholoma ustale

가을에 잡목림이나 소나무 숲 내에 군생하며, 아주 먹을 수 있을 것
같은 모습의 버섯이다.

갓은 직경 3~8cm. 밤갈색부터 적갈색까지 있으며 젖어 있을 때에는
점성이 있다.

또 백색인 주름은 오래 되면 갈색의 좀이 나온다.

산에서 발견하면 색도 생김새도 아무래도 독버섯이라고는 생각되지
않아 그만 손이 뻗어지고 만다. 그 때문에 매년 중독되는 사람이 상당
히 많다.

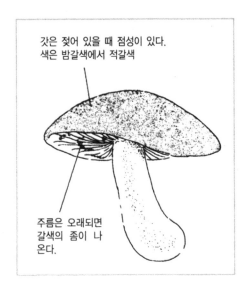

갓은 젖어 있을 때 점성이 있다.
색은 밤갈색에서 적갈색

주름은 오래되면
갈색의 좀이 나
온다.

◉ 생명에 지장은 없다고 하
지만 설사나 복통, 구토는 2일
간 술에 취한 것에 비할 바가
아니다. 비슷하게 생긴 부류
에 식용인 꽈리비늘버섯, 송
이아재비가 있다.

독청버섯과

노란다발

Naematoloma fasciculare

여름부터 가을에 각종 쓰러진 나무, 잘려진 밑동을 비롯해서 말뚝 등에도 난다.

갓은 직경 2~4cm이며 유황색이다. 주름은 조밀하여 황색에서 자갈색으로 된다.

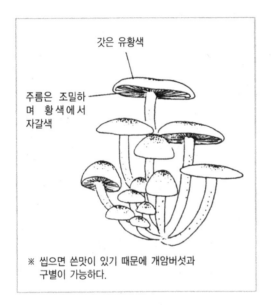

갓은 유황색

주름은 조밀하
며 황색에서
자갈색

※ 씹으면 쓴맛이 있기 때문에 개암버섯과
구별이 가능하다.

⊙ 독성이 상당히 강하여 사망하는 경우도 있다. 비슷한 부류에 식용인 개암버섯이 있는데, 전자는 쓴맛이 꽤 있어 날 것을 조금 씹어보면 곧 알 수 있다.

이와 같이 씹어서 맛을 보아 판단하는 것도 대단히 중요하다. 몸에는 어떤 영향도 끼치지 않는다.

광대버섯과

광대버섯

Amanita muscaria

가을에 자작나무나 솔송나무 숲에 발생한다.

갓은 직경 5~20cm. 유균(幼菌)일 때에는 흰 계란모양의 자루에 들어 있다가 생장하면 자루가 터지고 버섯이 나온다. 색은 선명한 홍색이며, 자루의 파편인 흰 돌기가 붙어 있다.

주름은 백색이며 조밀하다. 몸통은 백색이며 막질의 차양이 있고 뿌리쪽에서 구근모양으로 부풀어 있으며 막질의 덮개가 붙어 있다.

자작나무 숲에 이 버섯이 나오기 시작하면 동화의 세계를 떠올리게 한다.

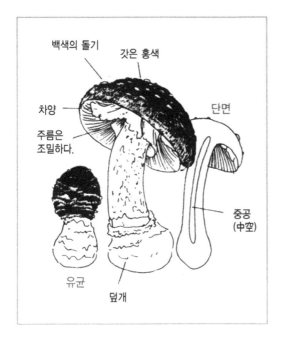

백색의 돌기
갓은 홍색
차양
주름은
조밀하다.
단면
중공
(中空)
유균
덮개

◉ 광대버섯을 소금에 절여서 식용으로 하는 곳이 있지만, 전문가에 의하면 아무리 소금에 절여도 독이 모두 빠져 나가는 것이 아니며 계속 먹으면 간에 저장되어 언젠가는 지독하게 혼이 날 것이라고 한다. 지금 같은 세상에서는 그렇게까지 해서 먹지 않아도 된다고 생각한다.

광대버섯과

마귀광대버섯

Amanita pantherina

여름부터 가을에 흑송, 적송, 가문비나무, 침엽수가 섞여 있는 잡목림 등에 흩어져서 자라는 유명한 독버섯이며, 독성은 광대버섯보다 강하다고 한다.

갓은 5~15cm. 초콜릿색이며 광대버섯처럼 자루의 파편인 흰 돌기가 붙어 있다.

주름은 백색이며 조밀하다.

몸통은 백색이고 막질의 차양이 있으며 뿌리쪽이 구근모양으로 부풀어 있고 막질의 덮개 같은 것을 붙이고 있다.

옛날부터 광대버섯과 마찬가지로 "파리잡이"라 불렀으며 파리의 포살에 사용했다고 한다.

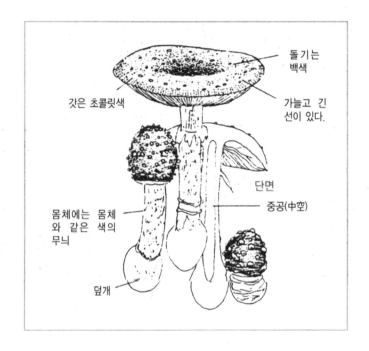

돌기는
백색

갓은 초콜릿색

가늘고 긴
선이 있다.

단면

중공(中空)

몸체에는 몸체
와 같은 색의
무늬

덮개

송이과

독깔때기버섯

Clitocybe acromelalga

가을에 대나무나 조릿대나무 숲, 잡목림에서도 자라는 유명한 독버섯이지만 최근에는 보고 싶어도 그다지 쉽게 볼 기회가 적은 것 같다.

갓은 직경 5~10cm. 표면은 다갈색이며 펴지면 깔때기모양으로 되고 주름은 황색이며 수생(垂生)한다.

몸체는 갓과 같은 색이며 속이 비어 있다.

◉ 먹은 후 4~5일 정도 지나면 손과 발끝이 빨갛게 붓고 부젓가락으로 찌르는듯한 격통이 한 달이나 계속된다고 한다.

송이과
맑은애주름버섯
Mycena pura

봄부터 가을에 침엽수나 광엽수림에 자란다.

갓은 직경 2~5cm. 장미색부터 담회자색까지 있으며 젖어 있으면 가늘고 긴 선이 나타난다. 부수면 무즙 같은 냄새가 나다.

◉ 핑크색의 아름다운 버섯이며, 지금까지는 식용으로 되어 왔지만 최근에 유독물질을 포함하고 있음이 알려져서 요주의(要注意) 그룹에 끼게 되었다.

그러나 아직까지 이 버섯으로 직접 중독을 일으켰다는 이야기는 듣지 못했다. 비교적 작은 버섯이라서 이 버섯만을 채집하기는 곤란하다는 점에서 그다지 식용대상으로 되지 않았던 것 같다.

광대버섯과

암 회 색 광 대 버 섯 아 재 비

Amanita pseudoporphyria

여름부터 가을에 광엽수
림내의 땅에서 자라는 마귀
광대버섯류의 버섯이다.

갓은 3~20cm로 커지며,
회갈색을 띠며 잔무늬모양
을 나타내며, 주변에 덮개모
양의 막질조각을 부착하고
있는 경우가 많다.

주름은 백색이며 몸체도 백
색이고 거스러미상태의 모
양이 있는 커다란 차양을 붙
이고 있다. 뿌리쪽에는 덮개
가 있다.

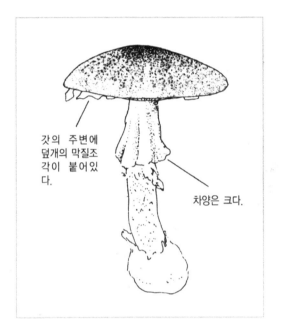

갓의 주변에
덮개의 막질조
각이 붙어있
다.

차양은 크다.

◉ 아직 독성에 대하여는 확실히 알려져 있지는 않지만 아마도 독성은 상당히 강할 것으로 생각된다. 어떤 사람이 이것을 날것으로 사방 3mm 정도 먹고 설사를 하여 30분이나 화장실에서 나오지 못했던 적이 있었다고 한다.

광대버섯과

암회색광대버섯

Amanita porphyria

여름부터 가을에 걸쳐 침엽
수림에 흩어져 사는 마귀광대
버섯부류의 버섯이다.
 갓은 직경 3~6cm이며 쥐색이
다. 말라 있을 때에는 비단같은
광택이 있다.

주름은 백색. 몸체는
5~10cm이며 분명한
차양이 있다. 또 담회색
의 거스러미모양이 있
으며 뿌리쪽은 구근모
양으로 부풀어 있다.

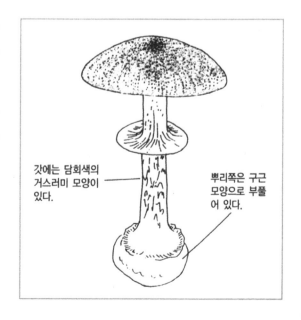

갓에는 담회색의
거스러미 모양이
있다.

뿌리쪽은 구근
모양으로 부풀
어 있다.

광대버섯과
뱀껍질광대버섯
Amanita spissacea

여름 무렵부터 광엽수림의 땅에 흩어져 자라는 마귀광대버섯부류의 버섯이다.

갓은 직경 4~15cm이며 만두형에서 나중에 평평하게 펴지며 부스럼의 딱지모양의 인편에 덮여 있다. 색은 암회갈색이다.

주름은 백색이다. 몸체는 갓보다 엷은 색이며 막질의 차양을 붙이고 있다. 3~4개가 포기모양을 이루고 있는 경우가 많은 것 같다.

끈적버섯과
솔땀버섯
Inocybe fastigiata

여름부터 가을에 걸쳐서 광엽수림에 뚝 떨어져서 자라고 있는 것을 볼 수 있다.

갓은 직경 2~8cm. 원추형이나 나중에 솟아 있던 가운데가 평평하게 펴지게 된다. 색은 황토갈색을 띤다.

◉ 먹으면 땀을 대단히 많이 흘리며 호흡이 곤란하게 된다고 한다.
이 부류는 독성인 것이 많다. 대부분은 소형이기 때문에 일반적으로 식용의 대상이 되는 일은 없다.

광대버섯과
양파광대버섯
Amanita abrupta

여름부터 가을에, 광엽수림이나 침엽수와 광엽수가 섞여 있는 숲에 드문드문 발생하는 마귀광대버섯 부류의 버섯이다.

전체가 백색이며, 갓에는 독특한 뾰족한 돌기가 있다. 갓은 직경 3~10cm이며 반구형에서 나중에 펴져서 평평해진다.

주름은 백색이며 조밀하다. 몸체는 약간 거칠거칠하며, 차양이 있고 뿌리쪽은 구근처럼 부풀어 있다.

◉ 상당히 강한 독성이 있을 것이라고 한다.

갓의 표면에는 뾰족한 돌기가 있다.

몸체는 약간 거칠거칠하다.

끈적버섯과

갈황색미치광이버섯

Gymnopilus spectabilis

여름부터 가을에 걸쳐 잘려진 나무의 밑동이나 쓰러진 나무에 포기모양으로 자라며 상당히 대형으로 된다.

이전에 어떤 곳에서는 몸체의 굵기가 맥주병 정도이며 갓의 직경이 30cm 이상인 것도 있다.

◉ 한기나 현기증, 환각 등의 증상이 나타난다고 하지만, 이 버섯 때문이었다고 하는 이야기는 들어 본 적이 없다. 그것은 틀림없이 이 버섯이 지독하게 서서 먹을 수가 없었기 때문일 것이다.

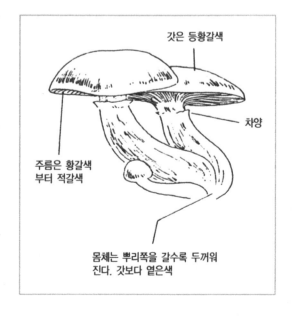

갓은 등황갈색

차양

주름은 황갈색부터 적갈색

몸체는 뿌리쪽을 갈수록 두꺼워진다. 갓보다 옅은색

그물버섯과
독산새버섯
Boletus sp

아고산대의 솔송나무 숲에 발생하는 대형 그물버섯이다.

갓은 직경 10~25cm. 반구형에서 나중에 만두모양으로 되며, 유균 (幼菌)일 때에는 테두리부분이 안으로 말려 있다. 담황갈색이며 빌로 드상태이다. 점성은 없다.

관공(管孔)은 처음에 선황색이며 나중에 황갈색으로 된다. 몸체는 아래쪽으로 갈수록 굵어진다.

육질은 상처를 입으면 약간 청색으로 변한다.

옛날부터 일부 지방의 토박이들은 독버섯으로 취급해온 것 같지만 본격적으로 거론되기 시작한 것은 극히 최근의 일이다.

우단버섯과

주름우단버섯

Paxillus involutus

여름부터 가을에 걸쳐 광엽수림이나 침엽수림의 지상에, 또 쓰러지거나 상당히 오래 된 나무에 난다.

갓은 직경 4~10cm. 만두모양에서 나중에 평평하게 펴지지만 오래 되면 얕은 술잔모양으로 된다. 테두리는 늦게까지 안으로 말려 있으며, 점토색부터 황갈색까지 있다. 또 주변은 연한 털이 조밀하게 나며 젖어 있을 때는 약간의 점성이 있다.

손에 닿으면 갈색으로 변한다.

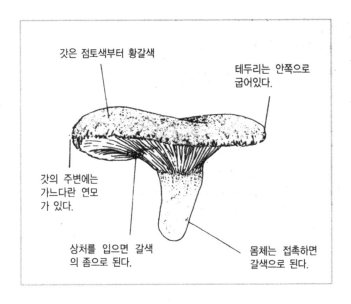

갓은 점토색부터 황갈색

테두리는 안쪽으로
굽어있다.

갓의 주변에는
가느다란 연모
가 있다.

상처를 입으면 갈색
의 좀으로 된다.

몸체는 접촉하면
갈색으로 된다.

◉ 중독된 예는 별로 없으나 메슥메슥하다고 증상을 호소하는 사람이
많으며, 최근의 도감에서는 독버섯으로 취급하고 있다.

싸리버섯과
붉은싸리버섯
Ramaria formosa

가을에 광엽수림에 발생한다. 페어리링을 만드는 경우가 있다.

어릴 때에는 아름다운 등홍색이지만 오래 되면 점차로 탁한 복숭아색으로 된다.

같은 부류에 먹을 수 있는 싸리버섯이나 자색싸리버섯 또 독이 있는 황금빛싸리버섯, 노랑싸리버섯 등이 있다.

◉ 독성은 그렇게 강하지 않은 모양이지만 조심해야 한다.

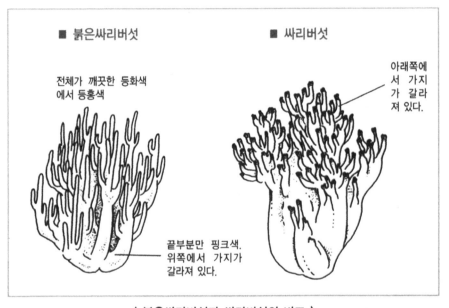

■ 붉은싸리버섯

전체가 깨끗한 등화색
에서 등홍색

끝부분만 핑크색.
위쪽에서 가지가
갈라져 있다.

■ 싸리버섯

아래쪽에
서 가지
가 갈라
져 있다.

〈 붉은싸리버섯과 싸리버섯의 비교 〉

독버섯에 대한 지식 습득

미신을 믿지 않도록 한다.

독버섯에 대한 미신에는 다음과 같은 것이 있다.

① 색이 화려한 것은 독버섯

색이 화려하고 독성이 있는 것은 반대로 적고, 독버섯의 태반은 소박한 색을 하고 있다. 색이 화려하면서 독이 있는 것은 광대버섯이 대표적인 것이며, 그 밖에 몇 종류가 있을 뿐이다. 아주 화려한 달걀버섯은 먹을 수 있다.

② 몸체가 세로로 찢어지면 괜찮다.

독버섯의 대부분은 세로로 찢어진다. 반대로 식용버섯이면서 세로로 찢어지지 않은 것도 많다. 맹독버섯이 많은 마귀광대버섯부류는 몸체가 깨끗하게 찢어지며, 무당버섯과의 버섯은 잘 찢어지지 않는 것 같다.

③ 가지와 함께 끓이면 독이 없어진다.

이것도 아무 근거가 없는 것이다. 어떤 곳에서는 반드시 가지와 함께 끓인다. 가을 가지는 버섯과 함께 끓이면 맛은 있지만 독이 없어지지는 않는다.

미신을 믿어서는 안된다.

이상의 세 가지는 상당히 오래 전부터 믿어져 왔던 미신이다. 현재는 믿는 사람이 없다고 생각하지만 가끔 이런 이야기를 하는 사람이 있으므로 조심하기 바란다.

독버섯만 기억하는 것은 위험

독버섯은 버섯 전체로 보면 비교적 적으며, 30종류 정도이다. 그 중에서 특히 생명과 관계 있는 맹독버섯은 10종류 미만이다. 이것들은 모두 옛날부터 모르고 먹은 사람이 있기 때문에 독버섯이라고 알게 되었을 뿐으로 사실은 좀 더 많이 있을 것으로 생각한다.

대표적인 독버섯만을 외워두면 다른 버섯은 마음 놓고 먹어도 된다고 말하는 사람이 있는데 이것은 대단히 위험한 생각이다. 최근의 도감에서는 독버섯의 종류가 대단히 증가하고 있으며 지금까지 먹어온 버섯에서도 쥐의 실험에서 중독증상이 발생한 것도 있는 것 같다.

또 요리방법이나 먹는 양, 그리고 오랜 세월동안 계속 먹어온 결과, 중독증상이 나타나기 시작하는 경우도 생각할 수 있다.

그러므로 조금이라도 염려가 되면 절대 먹지 않는 것이 좋다.

독이 있는 유형

버섯의 독성분에 대하여는 전문적으로 알고자 하면 각종 도감 등에 전문가들이 기술하고 있으므로, 여기에서는 "어떠한 중독증상의 유형이 있는가"에 대하여만 기술하여 둔다. 크게 나누어 다음과 같다.

① 세포를 파괴하고 간장장애를 일으키는 것

이 그룹에는 맹독성인 흰알광대버섯, 독우산광대버섯, 알광대버섯, 콜레라버섯 등이 있으며, 이들 버섯은 하나만 먹어도 확실하게 사망한다고 한다.

이렇게까지 되는 중독증상의 예를 보면 먹고 나서 곧 죽는 것이 아니라 식후 10~20시간 후에 복통, 설사, 구토가 시작되며 대개 1주일 정도 고통을 당한 후에 사망한다는 것이다.

② 신경계통에 작용하는 것

마귀광대버섯, 광대버섯류 등이 이 그룹이다.

식후 30분이면 설사나 복통, 흥분상태가 일어나 졸음이 오는 경우도 있다. 대개 하룻밤이면 회복하지만 증상이 심한 경우에는 사망하는 경우도 있다고 한다.

이 부류의 버섯이 뉴욕의 암시장에서 판매되고 있다는 것을 들은 적이 있다.

③ 소화기관에 작용하는 것

이 부류에는 삿갓외대버섯, 화경버섯, 담갈색송이의 3대 독버섯 외에 싸리버섯부류나 노란다발 등 많은 버섯이 있다. 또 아직 발표되지 않고 있는 버섯도 이외에 수없이 많을 것으로 생각된다.

이 그룹의 버섯에 의한 중독은 「죽을 정도는 아니다」라고 하지만 고통은 대단한 것이다.

식후 15~30분이면 설사, 복통, 구토가 발생하며, 그 중에는 복통을 수반하지 않는 것도 있다고 한다. 대체로 하룻밤이면 회복한다.

술과 함께 먹으면 중독되는 버섯

식용버섯이라도 알코올과 함께 먹으면 중독증상을 일으키는 버섯이 있다. 심장의 두근거림이 평상시보다 빨라지며 그 사이에 구토나 설사 등의 증상이 나타난다. 두엄먹물버섯이나 배불뚝이깔때기버섯이 대표적인 예인데 표고버섯이라도 반날 것은 술안주로 먹었다가 중독되었던 사람도 있다.

이외도 술과 함께 먹으면 중독을 일으키는 버섯이 있을지도 모른다.

중독 예

이야기가 약간 옆길로 새겠지만 이 유형의 중독증상을 일으키는 배불뚝이깔때기버섯으로 일어났던 예를 소개하고자 한다.

배불뚝이깔때기버섯은 갓의 모양이 술잔모양으로 되어 있기 때문에 술잔버섯이라고도 불리고 있다. 그러나 이름은 술잔버섯이라도 술을 넣어서는 안된다. 앞에서도 말 한 바와 같이 이 버섯은 술과 함께 먹으면 즉시 중독증상을 일으킨다.

어떤 사람이 이 버섯으로 찌개를 만들었는데 술을 주의하라고 한 이야기를 잊어버리고 술을 먹었다. 그 뒤 양변기를 부둥켜안고 하룻밤 내내 구토를 했다고 한다.

또, 산에서 일하던 다섯 사람이 점심에 이 버섯을 구워 먹었다는 것이다. 저녁에 집에 돌아와서 술을 한 잔 하기 시작했을 때 갑자기, 울컥거리기에 「이것이 안 되겠군, 오늘은 피곤한 걸」 하며, 옆으로 누워 텔레비전을 보고 있었다고 하는데 10분이 지나지 않아서 화면이 새까매지고 보이지 않아서, 놀라서 이불 속에서 밤새도록 와들와들 떨었다는 것이다. 새벽에 겨우 조금 졸다가 아침식사 때에는 괜찮아졌다고 한다.

그런 후로 이 마을에서는 배불뚝이깔때기버섯을 먹지 않았다고 한다.

중독되었다면 우선 토해낼 것

만약 잘못해서 독버섯을 먹었다고 생각되면 한시라도 빨리 토해낸다. 목에 손가락을 넣으면 토기가 일어나므로 위에 있는 것을 모두 토하도록 하고 참지 말고 병원에 가도록 한다. 그 때 먹었던 버섯의 조각이라도 있으면 반드시 의사에게 보이도록 한다. 발견이 빠르면 가

볍게 끝나는 경우가 많다.

식용버섯이라도 너무 많이 먹거나 오래 된 것이면 중독증상을 일으키는 경우가 있으므로 주의하기 바란다.

독버섯은 소금에 절이면 먹을 수 있을까

일부의 독버섯을 소금에 절인다거나 건조시키면 독이 빠져나간다고 말하는 사람이 있다. 이것은 터무니없는 얘기이다. 실제로 흉내를 내다가 중독증상을 일으킨 사람도 많이 있다.

어느 지역에서 광대버섯을 소금에 절였다가 정월경에 먹는 곳이 있다. 이 이야기를 들은 사람이 그 방법을 잘 배운 다음 시험해 보았는데, 그 버섯을 데치고 있는 도중에 수증기를 맡고 쓰러져 버렸다는 이야기가 있다. 또 전문가의 이야기에 의하면 먹고 나서 금방은 괜찮지만 간에 축적되는 독은 빠져나가지 않으므로 위험하다는 것이다.

독버섯은 만져도 괜찮다.

어린아이가 독버섯을 쥐고 있으면 관심이 없는 엄마는 「만지면 안돼요 죽어요. 얼른 손을 씻고 오세요.」라고 신경질적으로 꾸짖는 경우가 있다. 이래서는 어린이가 버섯에 흥미를 가질 수 없게 되며, 버섯은 무서운 것이라고 생각하게 된다.

지구상에서 중요한 일을 하고 있는 버섯을 바르게 알려 주기 위해서 어머니나 학교의 선생님이 버섯에 대한 공부를 하여 어린이들에게 이

해시키도록 하지 않으면 안된다. 자기가 알지 못하는 버섯은 모두 독버섯이고 기분이 나쁜 것이라고 생각해서는 안된다.

어린이들은 톰소여나 피터팬처럼 모험을 좋아하며, 아름다운 들이나 숲에는 동심이 있을 것이다. 그런 놀이 중에서 올바른 지도로 훌륭한 균학자가 나올지도 모른다.

독버섯이라고 해도 접촉하거나 손에 쥐거나 해도 괜찮다. 손에 들고 잘 관찰하는 것이 중요하다. 또 맛으로 판단하는 것이 중요하며, 유액을 핥아보거나 버섯의 끝을 베어 먹거나 해도 곧 뱉어 버리면 전혀 아무런 문제도 없다. 버섯에 붙어 있는 낙엽이나 벌레에 대해서도 지나치게 신경 쓰지 않아도 된다.

농약을 흠뻑 뿌린 시판되고 있는 야채를 먹고 있음을 생각하면 지극히 깨끗한 것이다.

part 4

Mushroom

버섯채집을

보   다
즐겁게 하기
위   하   여

버섯채집의 매너와 포인트

버섯채집시 복장과 준비물

일반적으로 하이킹 가는 복장이면 괜찮다.

| 모　자 | 침엽수의 가느다란 잎이 떨어지거나 쓰러진 나무나 튀어나온 가지에 찔릴 때 보호하기 위하여 반드시 쓰도록 한다.

| 타　월 | 보기는 좋지 않지만 목에 감아 두면 침엽수 잎이 떨어져도 등으로 들어가지 않는다.

| 의　류 | 가능하면 잎사귀나 풀 종류가 쉽게 묻지 않는 것이 좋을 것이다. 그리고 위아래가 통째로 붙은 작업용 옷이 허리로 먼지가 들어가지 않아서 좋다.

| 신　발 | 운동화라도 상관은 없지만 가능하면 등산화나 목이 높은 구두가 좋다.

| 웨이스트 백 | 자질구레한 물건을 넣기에 편리하며 언제라도 넣고 빼기가 용이하다.

| 나이프 | 버섯 밑동을 깎아내거나 뿌리가 깊은 버섯을 채집할 때 도움이 된다.

| 돋보기 | 세세한 부분을 보기에 편리하다. 예를 들면 잔털이 있거나 작은 주름부분을 보거나 할 때 사용한다.

| 수첩과 필기도구 | 장소, 버섯종류 등을 기록한다. 그 외에 자석이나

지도 등도 필요에 따라 가져간다.

|용 기| 가장 좋은 것은 대나무로 짠 바구니이다. 다만 사려면 비싸므로 플라스틱 바구니라도 상관없다.

　하이킹이나 등산을 겸하는 경우는 바구니가 짐이 되므로 비닐봉지나 종이봉지로 대용한다. 그러나 아무래도 버섯이 상처가 나기 쉬우므로 부드러운 풀의 너울이나 가지를 넣어서 부풀려 두는 것이 좋을 것이다. 키가 큰 바구니나 어깨에 메는 바구니인 경우에도 양치류나 얼룩조랫대등을 넣어서 버섯이 바구니 안에서 굴러다니지 않도록 고안한다. 또 많이 넣을 경우에도 버섯사이에 넣어서 쿠션 역할을 하게 하면 상하지 않는다. 모처럼 힘들게 채집한 버섯이 망가지지 않도록 주의한다.

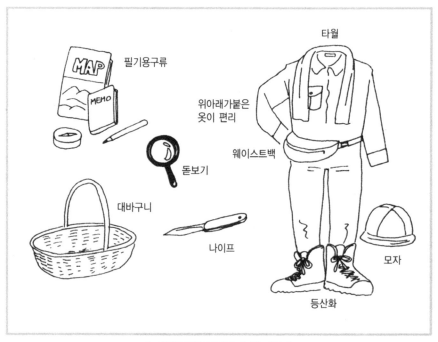

〈 버섯채집시 복장과 준비물 〉

채집방법과 매너

● 지면에 자라는 버섯의 채집방법

지면에 자라고 있는 버섯은 몸체를 잡고 좌우로 흔들면 간단하게 뽑힌다. 만약 단단하면 뿌리 쪽에 손가락을 집어넣어 손가락으로 버섯을 일으키듯이 채집한다.

버섯을 발견하면 낙엽을 긁어모으는 것 같이 모두 따 버리는 사람이 많은데 그래서는 안된다. 지면에 얼굴을 내밀지 않은 유균(幼菌)까지 채집해 버리면 다음에는 버섯이 나지 않게 되어 버린다. 채집한 뒤에 구멍에 낙엽이나 흙을 묻혀서 손가락으로 눌러놓기 바란다.

● 나무에 자라는 버섯의 채집방법

나무에 자라는 버섯의 경우는 나무줄기의 껍질을 벗기지 않도록 신경을 써야 한다.

나이프나 가위를 사용하여 뿌리 쪽에서 자르는 것이 나무의 껍질도 벗기지 않고 버섯에도 먼지가 끼지 않으므로 요리하기에 편리하다. 또 작은 유균(幼菌)은 다음 사람을 위하여 반드시 남겨 놓기 바란다. 작은 것까지 채집해도 씻을 때 힘이 들고 요리에도 거의 사용하기 어렵다.

송이버섯을 채집하면 반드시 버섯의 밑동을 소나무뿌리 근처에 묻는

지면에 직접 자라고 있는 버섯은 몸체를 좌우로 흔들어서 딴다.

나무에 자라고 있는 버섯은 칼이나 가위로 뿌리 쪽에서 자른다.

〈 버섯채집 방법 〉

사람이 있었다. 송이버섯을 증식시키기 위해서 좋은 방법이라고 생각한다. 이런 정도의 기분으로 버섯채집을 즐기기 바란다.

● 알지 못하는 버섯은 조사해 본다.

 그리고 알지 못하는 버섯이 있으면 몇 개 가지고 돌아와서 도감으로 조사하여 한 종류씩 외워가는 것도 좋을 것이다. 하나만으로는 개체의 차이도 있고 해서 알 수 없는 경우도 있으므로 다른 사람에게 보이기도 하려면 반드시 몇 개를 가지고 돌아와야 한다. 욕심을 내어 잔뜩 가져와도 먹지 못하는 버섯인 경우도 있으므로 상식의 범위에서 채집하기 바란다.

버섯채집시 주의사항

● 입산해도 좋은지 확인 할 것

 버섯이 나는 산은 사유지나 마을 소유지가 많아서 "버섯을 채집하러 오는 사람은 그다지 반기지 않을 수도 있다"는 이야기이다.

 천연의 버섯을 채집하는 것은 좋지만 그 중에는 원목에 종균(種菌)을 뿌려 재배하고 있는 경우도 많으며 그것들을 모두 채집해가는 사람이 있기도 하고, 재배하는 것은 아니지만 그것을 채집하여 생계를 꾸려가는 사람들도 있다는 것을 알아두기 바란다. 버섯은 없어지게 하고, 먼지는 잔뜩 털어 놓고, 게다가 조난사고까지 일으켜서 그 지방의 조난구조대에까지 폐를 끼친다. 심한 경우는 그 주변의 밭에 있는 작물까지 가져가는 경우도 있다.

 로프가 쳐져 있지 않는 곳이면 어디라도 가도 좋다고 생각하는 사람이 있는데 당치않은 생각이다.

로프가 쳐져 있지 않고, 말뚝이 박혀 있지 않더라도 입산해도 좋은가를 확인한 다음 들어가도록 신경 쓰기 바란다. 매너를 지키지 않으면 머지않아 모든 산이 입산금지가 될지 모른다.

단독행동은 위험

등산이나 하이킹에서도 마찬가지이지만 특히 버섯채집인 경우 오솔길을 걷고 있는 것만이 아니므로 늘 위험이 따라 다닌다. 버섯채집 시즌이 되면 조난자가 줄을 잇는다. 그것은 거의가 단독행동을 했기 때문이다. 길을 잃어버리거나 발을 헛디디거나 곰을 만나거나 하는 등 어떤 일이 일어나게 될지 알 수 없다.

산촌에 사는 프로 버섯채집가는 늘 하는 일이기 때문에 길이 없는 산속을 빠르게 돌아다니지만 일반인이 이런 흉내를 내면 위험하다.

● 여러 사람인 경우도 서로 소리를 질러가면서 행동한다.

여러 사람이 한 조가 되어 산에 가더라도 채집하며 돌아다니는 사이에 뿔뿔이 흩어져서 헤매는 경우가 자주 있다. 반드시 여러 사람이 서로 소리를 내어 서로 보이는 범위 내에서 행동하도록 한다. 서로 고함을 질러서 좋은 버섯이 있더라도 혼자 채집하지 말고 자라고 있는 상태를 모두에게 보여주고 즐거움을 함께 나눈 다음 행동하도록 마음쓰지 않으면 안된다.

버섯채집시 조난당한 경우, 등산과는 달리 어디에 있는지 짐작이 가지 않는다. 헤매고 있는 본인도 아래만을 쳐다보며 걷기 때문에 자신의 위치를 전혀 알 수 없게 된다. 자신이 길을 잃었다고 생각되면 그 장소에서 더 이상 움직이지 않도록 한다. 움직이면 일행이 소리를 질러도 듣지 못하게 되므로 오히려 점점 더 멀어지게 된다.

곰을 만나는 경우도 있다. 밭으로 나오는 일도 있을 정도로 가까운 곳에 있는 것이다. 이것도 여러 사람이 왁자지껄하면서 행동하고 있으면 곰쪽에서 민감하게 사람의 낌새를 알아 차리고 달아난다. 혼자서 조용하게 행동하고 있으면 언제 당할지 알 수 없다. 절대 단독행동을 하지 않도록 주의하기 바란다.

버섯채집의 포인트

● 걷기 쉬운 장소가 버섯이 많은 곳

일반적으로 버섯은 나무가 울창하고 무성하게 자라 있는 깊은 산 속보다는 동향이나 남향에 해가 잘 비치는 숲에 많이 자란다. 또 너무 걷기 힘든 숲보다는 햇볕이 새어 들어오는 걷기 쉬운 장소 쪽에서 버섯이 자주 발견된다. 등산로 길가, 유원지 길가, 숲길 또는 그 주변이 버섯이 나기 쉽고 버섯이 많이 나는 장소도 있다.

버섯은 온도의 변화에 의해 발생하기 시작한다. 그러므로 높은 산에서도 낮은 산에서도 공원, 골프장에서도 조건만 좋으면 버섯은 자란다. 주변에서 마음먹고 찾으면 의외로 여러 가지 버섯을 발견할 수 있을 것이다.

● 같은 산에 몇 번이라도 가는 것이 중요

갑자기 버섯을 채집하러 가도 전혀 채집하지 못하는 경우가 있다. 그 때에 "이산에는 버섯이 나지 않는다"고 단정지어 버리는 사람이 있는데, 환경조건 등 그 산에 적합한 시기라는 것이 있다. 그러므로 다음 주말에 가면 가득 따오는 경우도 있는 것이다. 같은 산에 몇 번이나 가는 것도 버섯채집의 요령이다. "이 산에는 언제쯤 가면 어떤 버섯이 있다"는 것과 같이 자신이 버섯의 지도를 만들어 두는 것도 편리하고 즐거운 일이다.

같은 산에서도 시기가 바뀌면 발생하는 버섯도 바뀌게 된다.

예를 들면 8월 말경에 가면 무당버섯과의 버섯을 채집할 수 있으며, 9월에 들어서면서부터 그물버섯의 부류가 많아지고 9월말에 가면 혼시메지가 나와 있다. 10월이 되면 개암버섯이나 뽕나무버섯도 채집할 수 있다. 다음 주에 가면 자주방망이버섯아재비도 있다.

드디어 낙엽이 지고 해가 짧아지면 팽나무버섯이 나오는 것처럼 하나의 산에서도 날이 감에 따라 발생하는 버섯의 종류도 점점 변해간다.

단 한번의 버섯채집으로 "이 산은 버섯이 없는 산"이라고 단정하지 말고 몇 번이고 걸음을 옮겨 본다. 그러면 산의 지형에도 익숙해지고 "이 산은 어떤 수종에 어느 버섯이 자라고 있다"는 것이 책을 읽는 것보다 더욱 자세하게 알 수 있다. 또 아무도 알지 못하는 자신만의 작은 비밀장소도 생기는 것이다.

채집이 끝난 후

집에 가지고 돌아오면 버섯의 색이 변해 있는 경우가 있다.

근본적으로 그 버섯에 변색하는 성질이 있는 경우는 좋지만, 그렇지

않은 것이 변색해 있다거나 부패한 냄새가 있는 것은 먹어서는 안된
다. 송이버섯이라도 상처가 나 있는 경우는 식중독을 일으키는 경우
가 있다.

상세하게 알 수는 없지만 먹을 수 있을 것 같은데 버리면 아깝다
고 생각해서 가지고 돌아오면 먹어도 좋을지 버려야 할지 당황하
게 된다.

먹어도 좋을지 어떨지 정하지 못하는 버섯은 무리하게 먹지 말고 그
버섯을 조사해 보거나 그 버섯을 잘 아는 사람에게 보이고 물어본다
거나 하여 견문을 넓히는 쪽이 훨씬 좋을 것이다.

채집한 버섯의 보존법

버섯을 많이 채집했을 때는 잘 보존하여 일년내내 먹을 수가 잇다. 건조보존, 염장보존, 병조림 등 여러 가지 방법이 있지만 가정에서 손쉽게 할 수 있는 보존법을 몇가지 소개하고자 한다. 우선 소금에 절이는 방법을 소개한다.

염장보존

● 일반적인 방법

밑동을 떼고 먼지를 털어낸 버섯을 더운 물이 들어 있는 냄비에 넣고 다시 한 번 끓인 다음 그대로 식힌다.

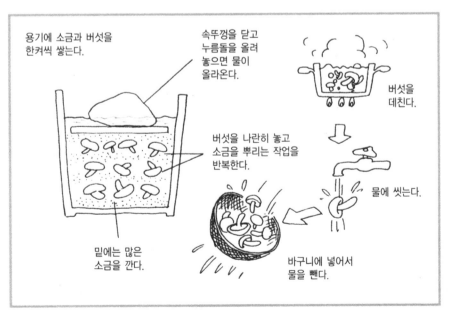

〈 소금절임방법 〉

식었으면 굵은 소금이 밑에 깔려 있는 용기(절임용 나무통, 플라스틱 양동이 등)에 버섯만을 쌓는다. 그리고 소금을 뿌리고 다시 버섯을 쌓고 소금을 뿌리는 작업을 반복한다. 맨 나중에 소금을 많이 얹고 냄비 안에 쏙 들어가게 만든 작은 뚜껑을 닫고 그 위에서 버섯 삶은 물을 붓는다. 버섯이 공기와 닿지 않을 만큼 무거운 돌을 올린 다음 마무리한다.

버섯 삶은 물을 붓는 것은 맛있는 버섯의 성분이 조금이라도 빠져나가지 못하게 하기 위함인데 어차피 물에 담가 소금기를 우릴 때 물에 닿기 때문에 다음과 같은 방법으로도 절이고 있다.

● 다른 방법

버섯을 데치는 것까지는 전술한 바와 같다. 데쳐낸 버섯을 굵은 체에 얹어서 물로 씻어서 깨끗이 한다. 일단 데친 버섯은 좀 거칠게 다루어도 모양이 망가지는 일은 없으므로 염려없다. 잘 씻었으면 물을 잘 빼서 밑에 소금을 깔은 용기에 버섯을 늘어놓는다. 그리고 소금을 뿌리고 또 버섯을 늘어놓고 소금을 뿌리는 작업을 전술한 바와 같이 반복한다. 맨 나중에 약간 많은 소금을 뿌리고 작은 뚜껑을 닫고 버섯이 직접 공기에 닿지 않도록 돌을 얹어서 마무리한다.

이렇게 하면 절인 물도 깨끗하게 마무리된다. 전술한 방법에서도 물에 담그어 소금기를 뺄 때 오랫동안 물에 있게 되므로 차이는 없다고 생각한다.

소금기를 빼는 방법은 하룻밤 흐르는 물에 두는 것이다. 수온이나 버섯의 크기에 따라 소금이 빠지는 시간이 다르므로 적당히 잘라서 같은 크기로 정리하거나 미지근한 물을 사용하면 시간이 단축된다.

처음에 가라앉아 있던 버섯이 떠오르게 되면 소금이 빠져나간 것이며 너무 많이 빠지면 맛이 없어지므로 도중에 건져서 맛을 보는 것도 좋을 것이다.

병조림보존

통조림은 가정에서는 불가능하지만 병조림이라면 간단히 할 수 있다.

먼지나 오물을 떼어내기 어렵고 모양이 망가지기 쉬운 버섯은 뜨거운 물을 끼얹은 다음 물에 씻으면 좋다. 그렇지 않은 버섯은 그대로 물에 씻어서 먼지 등을 제거한다.

다 씻은 버섯은 병에 넣고 위에서 병의 입구까지 물을 붓는다. 작은 숟가락 하나 정도의 소금을 넣고 뚜껑을 꼭 닫는다. 그리고 가정용 소

소형 압력솥에서 약 30분 찐다.

데쳐서 다 씻은 버섯을 병에 넣고 물을 입구까지 붓고 소금을 적은 숟갈로 하나 넣는다.

〈 병조림방법 〉

형 압력솥에 버섯을 넣은 병을 넣고 약 30분간 끓인다. 끓이고 나서도 솥의 압력이 저절로 내려갈 때까지 그대로 둔다. 무리하게 압력을 빼거나 뚜껑을 열거나 하면 병 안의 압력이 밖으로 나가려 하기 때문에 병이 파열되거나 내용물이 튀어나오거나 한다. 솥의 압력이 정상으로 되면 병을 꺼낸다. 병의 뚜껑이 약간 안으로 들어가 패여 있으면 성공한 것이다.

병은 여러 가지 크기의 마요네즈병이 시판되고 있으므로 이것을 이용하면 편리하다. 뚜껑만 바꾸면 몇 번이라도 사용할 수 있다. 소금에 절이는 것과는 달리 곧 요리에 사용할 수 있으며, 버섯별로 이것저것 만들어 두면 편리하다. 마찬가지로 버섯조림이나 꼬지, 잼 등의 병조림도 가능하다.

다만 산채같은 것은 너무 물러버리므로 병조림에는 적합하지 않다.

냉동보존

냉동시켜 보존하는 것도 가능하다. 한 번 사용한 분량만큼씩 냉동시켜 두면 편리하다. 날것을 그대로 냉동시켜도 상관없지만 가능하면 살짝 데친 것을 물에 젖은 채로 냉동시키는 편이 좋다고 한다.

먼저 버섯을 물에 씻어서 살짝 데친다. 식으면 비닐봉지(파스너가 붙은 것이 편리)에 삶은 물과 함께 넣

버섯은 물에 씻어서 데치고 식으면 삶은 물채로 파스너가 붙은 비닐봉지에 넣어서 냉동시킨다.

〈 냉동방법 〉

어서 냉동시킨다. 대형 버섯인 경우는 먹기 쉬운 크기로 잘라서 비닐
봉지에 넣도록 한다.

건조보존

건조보존할 경우는 말리는 것이 상당히 힘들고 일반적으로는 그다지
권할만 하지 않다.

건조도중에 날씨가 나빠져서 시간이 많이 걸리면 곰팡이가 생기는
경우도 있다. 일단 소개해 두기로 한다.

채집한 버섯의 밑동을 떼어내고 먼지를 제거한다. 그대로 햇볕에 말
린다. 소쿠리에 늘어 놓거나 양이 많을 때에는 멍석이나 돗자리에 펴
서 말린다. 완전히 수분이 없어져서 바삭바삭해지면 비닐봉지에 넣고
반드시 건조제를 넣어둔다.

요리에 사용할 때에는 물이나 미지근한 물에 담그어서 부드러워진
다음에 사용한다.

일반적으로 보존품인 경우는 다
음 시즌까지 다 먹는 것이 좋다.
병조림은 몇 년이라도 보존이 가
능하지만 그 밖의 보존법에서는
맛이 변하기 때문에 1년 이내에
다 먹어야 한다.

특히 냉동시킨 경우에는 2개월
이내에 먹는 것이 좋다.

먼지와 밑동을 떼고 씻지
말고 그대로 말린다.

바삭바삭 마
르면 건조제
와 함께 넣어
서 비닐봉지
에 넣어서 보
관

〈 건조방법 〉

버섯을 맛있게 요리하는 방법

버섯요리법에 대해서는 아직 망설이는 경우가 많으며 적절한 어드바이스를 할 수 없는 것이 안타깝다.

일반적으로는 시판되고 있는 재배품 버섯과 같은 방법으로 요리해도 좋다.

버섯의 종류에 따라 "향기를 즐기는 것" "맛을 즐기는 것" "미관을 즐기는 것" 등 여러 가지가 있다. 국을 비롯해서 된장찌개, 버섯밥, 토란이나 야채와 끓이거나 냄비 요리 등이 주된 것인데, 우리들의 입장에서는 아무리해도 메인요리로 하기 어려운 것 뿐이라서 곤란하다.

여기서는 간단하게 가능하면 일반적인 버섯요리를 몇 가지 예를 들어 보겠다. 독자 여러분 중에서 맛있는 다른 요리방법이 있으면 꼭 배웠으면 한다.

버섯구이

보통 나도팽나무버섯은 국물밖에 안되지만 갓이 크게 벌어진 나도팽나무버섯을 직접 불에 구우면 의외로 맛있다. 또 구운 나도팽나무버섯에 간장을 약간 묻혀 먹는다. 거기에 버섯은 소화가 잘 되지 않으므로 무즙을 곁들인다.

흰굴뚝버섯이나 외대덧버섯 같이 쓴맛이 있는 것도 불에 직접 구우면 맛있다.

호일에 싸서 굽는 버섯

느티만가닥버섯, 서리버섯 등 비교적 냄새가 없는 버섯을 사용한다. 알루미늄호일에 버섯과 약간의 술, 소금을 넣어서 싼다. 그대로 스토브 위에서라도 올려서 불이 올라오면 레몬즙을 조금 뿌려서 마무리한다.

느타리버섯 스테이크

마늘 한쪽을 잘게 잘라서 버터로 볶는다. 다 볶고 나면 느타리버섯을 넣고 강한 불에 적당히 구워낸다. 맛을 낼 때는 소금, 후추로 간을 해서 먹는다.

큰비단그물버섯 겨자볶음

큰비단그물버섯 중간크기 5개를 얇게 잘라서 샐러드오일로 볶는다. 불이 통과하고 나면 매운고추 한 개와 간장, 술을 넣어서 마무리한다. 밥반찬으로 좋다.

서리버섯 이크라무침(4인분)

▶재료◀ 서리버섯 20개, 국물 1컵, 간장 1큰술, 술 약간, 이크라 약간

버섯을 먹기 편한 크기로 잘라서 끓는 물에 넣고 다시 한번 끓인 다음 소쿠리에 건져서 물기를 뺀다. 물기가 빠졌으면 그릇에 다른 재료를 모두 넣고 냉장고에서 차게 한 다음 마무리 한다.

먹물버섯 베이컨말이

5cm 정도로 자른 먹물버섯 3개를 한 묶음으로 하여 베이컨으로 말아서 이쑤시개로 고정시킨다. 데워진 프라이팬에 버터를 넣고 이것을 굽는다. 소금, 후추로 맛을 내어 완성시킨다.

느타리버섯 마요네즈구이

마요네즈와 간장을 3대 1의 비율로 잘 섞어서 느타리버섯의 갓부분에 걸쭉하게 바른다. 그대로 오븐토스터에 넣어서 4~5분 굽는다. 같은 방법으로 치즈를 사용하거나 된장을 사용해도 맛있다.

흰굴뚝버섯 초간장무침

흰굴뚝버섯을 통째로 데쳐서 얇게 썬다. 간장과 식초를 반반 비율로 이것과 섞어서 함께 내 놓는다. 쌉쌀한 맛이 남아 있어서 술안주에 잘 어울린다.

개암버섯 스파게티

마늘 한쪽을 잘게 자르고 매운고추 1개를 둥글게 자른 것과 버터에 볶는다. 거기에 개암버섯 100g을 넣고 뜨거워지면 소금과 후추를 뿌리고 마지막에 간장을 아주 조금 넣는다.

삶은 스파게티와 이것을 재빠르게 무쳐서 완성한다. 뽕나무버섯이나 꾀꼬리버섯도 마찬가지로 하면 맛있다.

달걀버섯 포타주(스프)

요리선생이 들으면 어이없다고 할 방법이지만 이 방법이 제법 맛이 있다.

▶재료 4인분◀ 달걀버섯 중간크기 4개, 양파 1개, 우유 200cc, 고형 스프 1개, 감자 중간크기 1개

양파를 얇게 썬 것과 달걀버섯을 잘게 썬 것을 버터에 함께 볶는다. 다 볶았으면 재료가 잠길만큼 물을 붓고 감자 얇게 썬 것, 고형 스프를 첨가하여 감자가 물러질 때까지 약한 불에서 끓인다. 감자가 부드러워졌으면 불을 끄고 우유를 넣는다. 그것을 믹서에 갈아서 냄비에 옮긴 다음 다시 한번 데워서 소금, 후추로 간을 해서 완성한다.

생크림이나 크루통(잘게 썬 빵을 버터나 기름에 튀긴 것)을 넣으면 한결 좋을 것이다. 표고버섯을 사용해도 맛있지만 표고버섯은 몸체가 단단하므로 갓만을 사용한다.

버섯요리는 즐거움이 반, 괴로움 반

버섯을 요리하여 손님이 드시게 하는 이상 요리를 하는 쪽이 버섯에 정통해 있어야 하는 사실은 말할 필요도 없다.

산에서 엄선하여 채집해 온 버섯이라도 요리 전에 반드시 다시 체크해야한다. 독버섯이 하나라도 섞여 있으면 큰일이 나게 될지도 모른다.

이전에 그런 일이 있었다. 전날 고원에서 머물고 피곤해서 녹초가 된 중년 부부를 포함하여 저녁에 오신 손님은 전부 20명 정도였다.

저녁식사의 메뉴는 엄선된 재료로 솜씨를 부려 만든 냄비찌개, 식사시간에는 좀 전의 부부의 얼굴에도 겨우 웃음기가 돌고 다른 손님들은 담소를 하고 있었다. 버섯요리도 대단히 즐겁게 드시고 있는 모습이어서 우선은 안심했다.

그런데 하룻밤이 지나자 어젯밤 그렇게 즐거워하고 있던 부부가 새파랗게 질린 얼굴로 한 잠도 자지 못했다고 하는 것이었다. 아침에 일찍 돌아가고 싶다고 하기에 버스정류장까지 자동차로 모셔드렸지만「혹시나」하는 마음에서 염려가 되어 다른 손님들께도 물어보았다. 버섯에 대하여 상세히 알고있는 균학회 회원의 몇 분은「어젯밤의 냄비찌개에는 이상한 버섯은 들어있지 않았다」고 한결같이 말하였고 다른 손님들도「특별히 이상하지 않다」고 말하며 고개를 갸우뚱하는 것이었다.

물론 손님들에게는 같은 요리를 드리고 있기 때문에 버섯이 원인이라면 다른 사람들도 똑같은 증상을 호소하였을 것이다.「요리가 원인은 아닌 것이다」라고 계속 생각하면서도 그 부부의 일이 걱정되어 다음날 전화를 걸어보았다.「피곤해 있어서 그랬던가 봐요」라고 대답해 주셨지만 요리를 대접하는 측에서는 어딘가 모르게 석연찮은 구석이 남아있다.

그날의 몸의 상태에 따라서도 달라지는 경우가 있는 모양이지만 어처구니없게도 버섯요리는 "즐겁기도 하고 괴롭기도 한 것"이다.

가정에서도 가능한 버섯재배

어떤 버섯을 기를 수 있을까

「송이버섯은 재배가 불가능합니까?」라는 질문을 받는다. 현재로서는 송이버섯 뿐 아니라 혼시메지나 마귀광대버섯부류와 같이 살아 있는 나무의 뿌리와 깊은 관계를 맺고 있는 버섯 (균근균)은 재배가 어렵다고 말할 수 있다.

현재 재배가 가능한 버섯은 부생균(腐生菌)이라 불리는 것으로서 나무나 낙엽을 분해하는 부류이다. 이 부류에도 "비교적 간단한 것" "어려운 것" "원목재배가 가능한 것" "톱밥에 의해 병재배가 가능한 것" "상업세이스에 적합한 것" 등 여러 가지가 있다. 그 중에서 실제로 재배되고 있는 버섯에는 다음과 같은 것이 있다.

팽나무버섯, 산느타리, 나도팽나무버섯, 느티만가닥버섯, 표고버섯, 잎새버섯, 개암버섯, 노랑느타리, 불로초 등이다.

가정에서 재배하기 쉬운 버섯

가정에서 재배 가능한 것으로서 종구를 넣은 원목을 사거나 톱밥재배 세트를 사서 재배하는 방법이 있다. 모두 설명서가 들어 있고 상점에서 관리방법을 물어 보면 알려 주므로 간단하게 기를 수 있다.

이 경우 버섯종류로서, 종구를 넣은 원목이라면 표고버섯, 균상재배 세트라면 표고버섯, 나도팽나무버섯, 느타리버섯이 주로 있다.

원목재배

● 원목의 종류와 버섯

톱밥으로 재배하기 위하여는 살균한다거나 온도나 습도를 조절한다 거나 하는 등 처음하는 사람에게는 힘이 들게 되므로 여기서는 원목 재배 방법을 간단히 설명하겠다.

우선 원목을 준비한다. 원목은 재배할 버섯에 따라 종류가 달라진다. 가정에서 재배하는 경우는 비교적 광범위하게 원목이 사용된다.

• **표고버섯** ·········· 졸참나무, 상수리나무
• **나도팽나무버섯** ·····너도밤나무, 졸참나무, 침엽수, 호두나무 외에 거의 모든 광엽수에 발생한다. 소나무에도 기를 수 있다.
• **팽나무버섯** ········버드나무, 너도밤나무, 호두나무, 포플러, 오리나무, 팽나무 외에 광엽수라면 대부분 발생한다.
• **개암버섯** ··········대부분의 광엽수와 소나무

원목은 가을에서 겨울사이에 자른 것이 좋다고 되어 있는데 너무 구애받지 말고, 공사장이나 도로확장 등에서 잘려진 나무를 얻어와도 상관이 없다. 또 지역의 삼림조합에서도 상담에 응해준다.

다만 자르고 나서 반년이상 지난 나무는 권장할 수 없다.

종구(種駒)는 원예점에서 팔고 있지만 생물이므로 언제나 있다고 할

수는 없다. 주문을 미리 하거나 종균메이커에 주문한다.

● 식균과 관리방법

 원목과 종구가 입수가능하면 다음에는 드디어 식균하는 일이다. 식균에 필요한 도구는 구멍을 뚫는 드릴과 종구(種駒)를 박아 넣는 쇠망치이다. 모두 시판되고 있는 것이라도 상관이 없지만 종균메이커에 따라 종구 사이즈가 틀리는 경우가 있으므로 드릴의 칼에 대하여는 종균메이커에 상담하는 것이 좋다.

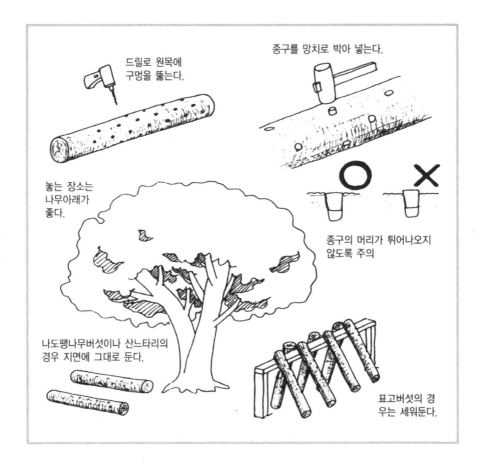

드릴로 원목에 구멍을 뚫는다.

종구를 망치로 박아 넣는다.

놓는 장소는 나무아래가 좋다.

종구의 머리가 튀어나오지 않도록 주의

나도팽나무버섯이나 산느타리의 경우 지면에 그대로 둔다.

표고버섯의 경우는 세워둔다.

식균은 잡균이 활약하지 못하는 경우에서 이른 봄 사이에 행한다. 우선 드릴로 원목에 구멍을 뚫고 종구를 망치로 박아 넣는다. 이렇게 만들어진 원목은 다음 과정을 거친다.

다음, 균의 활착이 잘 되게 하기 위하여 가눕히기라고 부르는 작업을 하는데 가정에서 행하는 경우는 너무 어렵게 생각하지 말고 그대로 산광선(散光線)이 비치는 장소에 둔다.

심어져 있는 나무 밑이나 블록담의 그늘 등이 좋을 것이다. 하루 종일 해가 비치지 않는 축축한 장소는 좋지 않다.

또 버섯의 종류에 따라서 원목을 놓는 방법이 다르다. 나도팽나무버섯과 느타리버섯은 지면에 그대로 놓고 표고버섯은 세워서 놓는다.

원목이 작거나 숫자가 적으면 베란다나 현관 옆이라도 가능하다.

건조한 날이 계속되는 경우는 적당히 물을 뿌려 준다. 이것도 어렵게 생각하지말고 심어져 있는 나무에 물을 주는 정도로 생각한다. 대개 다음해 가을에 나는 것이 보통이다.

part 5

Mushroom

버섯여담

"색다른 버섯 이야기"

🏵 동충하초 (冬虫夏草)

글자그대로 겨울에는 벌레이며 여름에는 거기에서 버섯이 자라기 때문에 풀이 된다는 이야기이다. 벌레에 붙은 균은 벌레의 몸에 균사를 잔뜩 뻗어 벌레를 죽이고 그 영양으로 버섯을 만든다. 벌레의 머리에서 버섯이 나와 있는 모습은 처음 보는 사람에게는 결코 기분이 좋지는 않다.

중국에는 박쥐의 유충에 자라는 동충하초(冬虫夏草)가 있는데 약으로 쓰이며 값이 비싼 것으로 산전산후의 보혈제로 쓰면 좋다고 한다. 이것이 들어간 유명한 스프도 있다. 이것을 채집하러 가는 사람은 높은 산으로 가는데, 초보자로서는 채집할 수 없는 것이다.

일본에서는 거미, 매미, 나비의 번데기, 파리, 잠자리 등에서 나는 동충하초가 알려져 있다. 벌레만이 아니라 도마뱀(수궁)에서도 나오는 것을 본 사람이 있다.

매미버섯
Cordyceps sobolifera

⊛ 분홍망태버섯

대나무 숲에 자라는 버섯이며 레이스 스커트가 펴진 모습은 정말 볼 만하다. 처음에는 둥글게 직경 3~5cm 정도이며, 뱀의 알처럼 물렁물 렁하고 꼬리에 가는 뿌리를 하나 붙이고 있다. 이윽고 알의 위가 단단 해지고 뾰족해지면 버섯이 나온다. 그리고 자라난 버섯의 모자와 축 사이에서 레이스 망토가 내려와서 스커트처럼 펼쳐진다. 그것은 정말 볼만하지만 동시에 지독한 악취를 발산하므로 코를 막을 정도다. 이 악취 때문에 벌레가 모이고 벌레의 다리에 포자가 붙어 운반된다는 것이다.

외국에는 핑크 스커트가 보라색 스커트를 가진 것도 있다고 한다.

식용으로 되어 있지 않지만 중화요리의 재료로 이용되며 건조품이 중국에서 수입되고 있다고 한다.

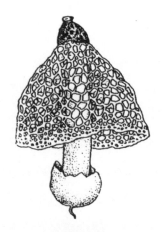

분홍망태버섯
Dictyophora inddusiata

✿ 찻잔버섯부류와 덧부치버섯

● 찻잔버섯부류

 유기질이 잔뜩 들어 있는 밭이나 숲에 쓰러져 있는 나무 등 잘 살펴보면 직경 1cm 전후의 작은 컵 같은 버섯이 발견된다. 이것은 찻잔버섯이라고 하는 버섯이며 컵 안에는 작은 바둑알(포자)과 같은 것이 들어 있다. 이 바둑알은 빗물 등이 닿으면 튀어 올라 풀 등에 붙는다. 그 풀을 동물이 먹으면 배설물과 함께 나온다. 배설물은 밭에 비료로 뿌려지고 그 안에서 또 포자가 발아하여 버섯이 생기는 것이다.

● 덧부치버섯

 버섯 위에 버섯이 자라는 것이다. 이것은 쿠로하츠라고 하는 버섯에 소형의 덧부치버섯이 자라는 것이다. 여름부터 가을에 걸쳐서 잡목림을 걷다 보면 자주 볼 수 있다. 작아서 먹을 수 있을지 없을지 모르겠지만 좀 색다르다.

"흥미를 끄는 버섯이야기"

버섯(균류)의 이상한 활동

버섯재배에 사용하는 톱밥에는 대부분의 경우 쌀겨를 참가하는 것이 보통이다. 그 때문에 버섯재배 사용 후에 톱밥을 산처럼 쌓아 두면 중심부는 손을 넣지 못할 만큼 온도가 올라간다. 호기성균이 활동하며, 산소부족과 온도상승에 따라 혐기성호열균은 활동하기 때문이다. 이 혐기성호열균은 셀룰로오스나 헤미셀룰로오스를 분해하고 있다. 또 온도가 내려간 톱밥의 주변에서 두엄먹물버섯 등의 버섯이 자라기 시작한다. 이 버섯들은 리그닌이라는 물질을 분해하고 있는 것이라고 한다.

한참 지나서 톱밥의 온도가 내려갔을 때 톱밥을 휘저어 섞어 놓으면 처음과 마찬가지로 온도가 올라가기 시작한다.

이런 과정을 여러 번 반복하여 비료를 만드는 것이지만 이 상태에서 1년 이상 방치해 두면 투구풍뎅이가 알을 낳아서 유충이 우글우글 기어 나온다. 그리고 그 주변에는 지렁이가 가득 번식한다. 그러나 이상하게도 사용하지 않은 톱밥에는 유충이나 지렁이가 거의 없다.

사용 후의 발효한 톱밥은 사용하지 않은 (버섯재배에) 것과 비교하면 건조시키기 어려운 탓인지 아니면 여러 가지 균사가 충만해 있는 톱밥 쪽이 벌레들에게는 더 맛이 있는지는 알 수 없다. 벌레들은 퇴비화한 톱밥과 함께 여러 가지 균류의 균사를 먹고 그것을 영양으로 하고 있다면 지나친 생각일까. 균류가 작용하여 반은 퇴비화한 것을 벌레들이 먹고 또 그 변이나 유체에 균류가 붙는다. 이런 일의 반복으로 육안에는 거의 보이지 않는 곤충까지도 균류와 함께 활동하여 밭의 영양원을 만들고 있다. 그리고 그것은 막대한 양인 것이다.

무농약 유기재배를 하고 있는 사람으로서는 그것은 아주 당연한 것이라고 생각하고 있겠지만 이 벌레들의 활동이 큰 것에 한층 더 놀랄 것이다.

투구풍뎅이의 유충 20마리 정도를 발포스티롤상자에 톱밥과 함께 꽉 채워 두었다. 일주일 후에 톱밥이 없어지고 발포스티롤을 갉아먹기 시작했다. 그 상자를 열어 보니 반은 흙으로 화한 유충의 변투성이였다. 벌레들의 식욕에 놀라고 그 일량이 큰 것을 새삼스럽게 통감했다.

덧부치버섯
Asterophora lycoperdoides

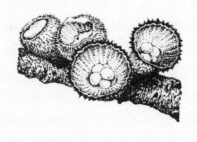

주름찻잔버섯
Cyathus striatus

✿ 버섯염색

 염색에 사용할 수 있는 버섯은 몇 개인가 있다. 외국에서는 껄껄이그물버섯, 작은알갱이버섯 등을 사용하고 있다고 한다. 원칙적으로 식용으로 사용하지 않는 버섯을 이용하고 있다. 전나무끈적버섯, 껄껄이그물버섯, 표고버섯, 케로우지 그 외에도 몇 종류가 있다. 지금부터 점점 종류를 늘려 갈 수 있다. 다만, 그것도 버섯종류를 알지 못하면 독버섯을 삶고 있을 때에 갑자기 쓰러지는 경우도 있다.

 매염제(媒染劑)라는 것을 사용하는 경우도 있는데 기본적으로는 무매염(無媒染)으로 염색하고 있는 모양이다. 매염제란 염료가 직접 섬유에 물들기 힘들 때 미리 섬유에 처리를 하거나 다른 색을 낼 때에 사용하는 것이며 철, 동, 알루미늄 등의 수산화물이다.

 여기서는 간단히 할 수 있는 무매염 방법을 소개한다. 버섯을 물에 삶아서 버섯만을 건져내고 남은 액체로 섬유를 삶는 것이다. 섬유에 어느 정도 물이 들었으면 물에 씻어서 말리면 완성이다. 버섯의 종류에 따라 물론 색도 다르며, 같은 종류라도 삶는 시간이나 온도에 따라 여러 가지 색으로 된다.

 풀이나 나무로 염색하는 방법을 적은 책이나 지도서는 비교적 많이 있지만 버섯 염색에 관해서는 거의 없다. 그 때문에 계속 연구 중이다.

분류별
버섯 지식사전

초판 1쇄 인쇄 2019년 10월 15일
초판 1쇄 발행 2019년 10월 20일

편 저 장흥식
발행인 김현호
발행처 법문북스(일문판)
공급처 법률미디어

주소 서울 구로구 경인로 54길4(구로동 636-62)
전화 02)2636-2911~2, **팩스** 02)2636-3012
홈페이지 www.lawb.co.kr

등록일자 1979년 8월 27일
등록번호 제5-22호

ISBN 978-89-7535-784-8 (03480)

정가 18,000원

이 도서의 국립중앙도서관 출판예정도서목록(CIP)은 서지정보유통지원시스템 홈페이지(http://seoji.nl.go.kr)와 국가
자료종합목록 구축시스템(http://kolis-net.nl.go.kr)에서 이용하실 수 있습니다. (CIP제어번호 : CIP2019040923)